Elisabeth Frische

Justin Kleinwächter – eine späte Annäherung an meinen Vater

agenda

Elisabeth Frische

Justin Kleinwächter – eine späte Annäherung an meinen Vater

Das Leben des Danziger Flugzeugbau-Professors
Justin Kleinwächter (1901–1945) und die Flucht seiner
Familie ins Münsterland

Herausgegeben und ergänzt von Christiane Dienel

agenda Verlag
Münster
2024

Bibliografische Information der Deutschen Nationalbibliothek
Die Deutsche Nationalbibliothek verzeichnet diese Publikation in der Deutschen Nationalbibliografie; detaillierte bibliografische Daten sind im Internet über http://dnb.dnb.de abrufbar.

Drubbel 4, D-48143 Münster
Tel. +49-(0)251-799610
info@agenda-verlag.de, www.agenda-verlag.de

Druck und Bindung: TOTEM, Inowroclaw, Polen

ISBN 978-3-89688-845-7

Inhalt

Vorbemerkung

Meine Mutter Elisabeth Frische, geb. Kleinwächter, wurde am 29. August 1930 in Breslau geboren. 1946 kam sie mit ihrer Mutter und sechs Geschwistern als Flüchtling nach Greven/Westfalen. Nach dem Abitur in Fribourg/Schweiz besuchte sie die Pädagogische Akademie in Emsdetten und arbeitete dann als Volksschullehrerin, zunächst in Emsdetten und von 1973 bis 1990 an der St. Martini-Grundschule in Greven. In Greven engagierte sie sich zunächst in der Katholischen Frauengemeinschaft, später dann kommunalpolitisch, und war etliche Jahre Ratsherrin. Nach der Pensionierung wurde die Familienforschung ihre große Leidenschaft. Zunächst gründete sie den Arbeitskreis Familienforschung in Lippetal, dem Herkunftsort der Familie ihres Mannes Heinrich Frische, und im Jahr 2015 einen entsprechenden Arbeitskreis im Heimatverein Greven. Mit Akribie, Begeisterung und auf hohem fachlichen Niveau erforschte sie eine große Bandbreite heimatgeschichtlicher Themen, unter anderem über die jüdische Bevölkerung im Lippetal, über die Grevener Auswanderer nach Amerika im 19. Jahrhundert und über die Kriegsteilnehmer des Ersten Weltkriegs. Dagegen wich sie der Beschäftigung mit ihrer eigenen Familiengeschichte und der Biographie ihres verehrten Vaters Justin Kleinwächter bis wenige Jahre vor ihrem Tod aus.

Erst etwa ab 2018/19 scheint sie sich intensiver mit dem Nachlass ihres Vaters auseinandergesetzt zu haben. Das wichtigste Dokument hierbei war ein kleines Notizbuch, das sie transkribiert hat und das in diesem Buch ganz wiedergegeben ist. Es lag in den letzten Jahren immer sichtbar auf ihrem Schreibtisch. Bei dieser Arbeit musste sie sich Schritt für Schritt vom idealisierten Bild ihres früh verstorbenen Vaters verabschieden, was ihr nicht leichtfiel. Elisabeth Frische hat dieses Buch nicht mehr ganz vollenden können. Am Ende verließen sie die Kräfte, und da ihr klar war, dass dieser Text sowohl inhaltlich wie formal noch eine Überarbeitung nötig hatte, hat sie ihn uns zu Lebzeiten nie gezeigt oder ausgedruckt übergeben. Sie starb am 13. März 2021, und zunächst ging ich davon aus, dass sie die Forschungen zu ihrem Vater gar nicht mehr hatte verschriftlichen können. Ich war dann überrascht darüber, nach ihrem Tod auf ihrem Rechner einen fast fertigen Text vorzufinden, der mit großer Intensität die Biographie ihres Vaters und die Flucht der Familie aus Danzig und Schlesien nach Westfalen nachzeichnet.

Dieses Manuskript habe ich durchgesehen, offensichtliche Verschreibungen korrigiert und die Kapitelüberschriften ergänzt und geordnet. Für die Darstellung allgemeiner historischer Zusammenhänge waren im Manuskript vielfach Texte aus dem Internet übernommen worden, die möglicherweise noch hätten überarbeitet werden sollen. Diese Passagen habe ich gestrichen oder neu gefasst. Außerdem habe ich einen Erlebnisbericht des Bruders Peter Kleinwächter eingefügt, den ich im Nachlass gefunden habe, und einige Originalpassagen aus dem Tagebuch meiner Mutter von 1946 und aus Briefen ergänzt. Ansonsten ist der Text unverändert.

Berlin, im April 2024 – Christiane Dienel, geb. Frische

Prolog

Als ich begann, die Lebensgeschichte meines Vaters nachzuzeichnen, merkte ich schnell, dass meine eigenen Kindheitserinnerungen nicht ausreichen würden. Deshalb hoffte ich, im Nachlass meiner Mutter auf Lebensspuren meines Vaters zu stoßen. Meine Mutter galt in der Familie als die Hüterin der Erinnerung an ihren Mann, die sie tief in ihrem Herzen bewahrte. Obwohl ich sie nur selten über meinen Vater sprechen hörte, gelang es ihr, ihn uns Kindern als großes Vorbild hinzustellen, das unser Leben mitgeprägt hat.

Der Teil des Nachlasses meiner Mutter, der meinen Vater betraf, bestand aus einigen Dokumenten, aus erhalten gebliebener Korrespondenz zwischen meinen Eltern und Familienmitgliedern und mit Freunden. Daneben gab es eine Reihe von Briefen aus der Nachkriegszeit, als Mutter die Kontaktaufnahme zu Vaters Kollegen und Mitgliedern der Akaflieg (Akademischen Fliegergruppe) Danzig suchte. Auch einige Veröffentlichungen der Vorlesungen meines Vaters über Flugzeugbau waren erhalten geblieben. Es schien mir, dass mein Vater ein gewisses wissenschaftliches Renommé gehabt haben muss, da seine Schriften im Buchantiquariat des Internets immer noch angeboten werden. Vor Jahren informierte mich ein interessierter Geschäftsmann, der ein eigenes Flugzeug konstruieren wollte, dass er von den Schriften meines Vaters außerordentlich profitiere und sich wunderte, dass man im Internet fast nichts über meinen Vater finden würde. Er sei überzeugt, dass der Name Justin Kleinwächter in der Geschichte der Luftfahrt nicht ausreichend gewürdigt werde. Diese Befürchtung hatte mich dazu bewogen, den meinen Vater betreffenden Teil des Nachlasses meiner Mutter im Jahre 2006 dem Deutschen Museum in München zu übergeben, das eine eigene Sparte für Flugzeugbau betreut und Interesse an dem von mir bereitgestellten Material hatte.

Später habe ich mir von diesen Unterlagen Kopien machen lassen, die ich, zusammen mit meiner eigenen Sammlung an Erinnerungen an meinen Vater, auswerten wollte. Dazu gehörte auch die fragmentarisch gebliebene „Geschichte der Familie Kleinwächter“, die mein Vater begonnen hatte, als er 17 Jahre alt. Dabei halfen ihm die Auskünfte seiner Großmütter. Später hatte er viele Texte und Ausarbeitungen seines Vaters Max Kleinwächter übernommen. Die Seiten dieses Blankobuches sind handschriftlich in kalligraphisch sorgfältiger Fraktur gestaltet und wurden zwischen 1918 und 1941 verfasst. Eine Abschrift der ersten Seiten erfolgte 1932, dann eine weitere um 1939, wieder in einer schön gestalteten Fraktur, diesmal geschmückt mit farbig ausgestalteten Initialen, Zeichnungen und genealogischen Ergänzungen. Mein Vater plante, das Buch neu heften zu lassen, wenn es einmal fertiggeschrieben sein würde. Da er später durch eigene Forschung die zunächst notierte Familiengeschichte korrigieren und ergänzen konnte, hat er später noch einen dritten Anfang des Buches geschrieben, 1941 noch die Geburt seines Sohnes Christof Justin als Schmuckblatt eingefügt, danach aber ganz offenbar keine Gelegenheit mehr gehabt, die Geschichte des Geschlechtes Kleinwächter zu ergänzen. Insgesamt sind so etwa 200 Seiten beschriftet. Die Geschichten der Familien Buchnowski, Giesel und Orschulok sind insgesamt dreimal begonnen und ergänzt worden. Statt des schwarzen Pappeinbandes sollte wohl auch ein repräsentativerer Einband gewählt werden. Zu beiden Plänen ist es nicht mehr gekommen, denn die letzten Einträge der Abschrift stammen aus dem Jahre 1941.

Da ich mich in der Vergangenheit bereits mit dem Handwerkszeug eines Familienforschers vertraut gemacht hatte, wollte ich die vor jetzt mehr als hundert Jahren begonnene Familiengeschichte Kleinwächter fortsetzen. Ich überarbeitete, ergänzte und aktualisierte an einigen Stellen das, was mein Vater zusammengetragen hatte, allerdings nicht handschriftlich, sondern am PC, und konnte 2007 einen ersten Probeausdruck der Geschichte der Familie Kleinwächter herstellen. Aber schon beim Zusammenstellen der einzelnen Seiten wurde deutlich, dass große Teile der aktuellen Familiengeschichte noch nicht geschrieben waren. Dazu gehörte die Geschichte meines Vaters Justin Kleinwächter und die seiner Nachkommen. Die Weltgeschichte hatte im 20. Jahrhundert, in das mein Vater hineingeboren wurde, Kapriolen geschlagen und hatte zu Verwerfungen geführt, die sein Leben und das seiner Zeitgenossen tiefgreifend geprägt hatten. Mein Vater hat fast ein halbes Jahrhundert davon erlebt: den Weltkrieg (1914–1918), die Weimarer Republik, Inflation, Weltwirtschaftskrise, den Aufstieg der NSDAP und schließlich die Diktatur des Nationalsozialismus (1933–1945) und die Katastrophe des Zweiten Weltkrieges (1939–1945), an dessen Auswirkungen er letztendlich ums Leben gekommen ist.

Im Folgenden versuche ich, die Lebensgeschichte meines Vaters nachzuzeichnen, bevor die letzten Spuren seiner Existenz verweht sind. Das bedeutet, den Menschen neu zu entdecken, der mein Vater war, seinen beruflichen und wissenschaftlichen Werdegang zu erkunden und der Frage nachzugehen, wo mein Vater in der Zeit des Nationalsozialismus einzuordnen war. In der Familie waren wir uns sicher, ihn in der Grauzone der Mitläufer zu finden. Als aktiver Katholik gehörte er zu den stillen Widerstandskämpfern, die Glaubenszeugen waren und Gutmenschen, die hofften, dass sich nach dem Krieg alles wieder zum Besseren wenden würde.

Meinen Kindern will ich ihren Großvater vorstellen, den sie nie haben kennenlernen können und meinen Enkeln den Urgroßvater, der ihnen sonst ein Fremder geblieben wäre. Für mich ist die Beschäftigung mit meinem Vater eine Rückschau auf einen prägenden Zeitabschnitt meines eigenen Lebens.

Kindheit, Jugend und Familiengründung

Justin Friedrich Kleinwächter kam am 17. September 1901 in Groß Wartenberg als zweites Kind des Lehrers Max Kleinwächter und dessen Frau Helene Orschulok zur Welt, vier Monate nach dem Tod seiner kleinen Schwester Cornelia (*29.8.1900, †18.5.1901). Im katholischen Taufbuch von Groß Wartenberg findet sich der folgende Geburtseintrag:

> *17. September 1901: In der Stadt wurde dem Lehrer Max Kleinwächter von seiner Ehefrau Helene geb. Orschullok ein Sohn geboren, welchen Pfarrer Hahn auf die Namen Justinus Friedrich taufte. Paten: Wilhelm Orschullok, Friedrich Wilhelm*

Kurz nach der Geburt des dritten Kindes, eines Mädchens, das Magdalena (*15.6.1903, †2.1.1926) genannt wurde, siedelte die Familie nach Waldenburg um, wo Max Kleinwächter eine Lehrerstelle erhalten hatte. Dort kam Siegfried (*12.5.1909, †26.8.1925) zur Welt, Justins Bruder. Über seine verstorbenen Kinder berichtet Max Kleinwächter ausführlich in einer Familienchronik, die Justin in die „Geschichte der Familie Kleinwächter" übernommen hat. Über seine Söhne Justin und Olaf hingegen schrieb sein Vater Max erst in seinen eigenen Lebenserinnerungen, die er anlässlich seines 70. Geburtstages vorlegen konnte und kurz vor seinem eigenen Tod leicht ergänzte.

Fünf Jahre später, am 1.9.1914, begann der Erste Weltkrieg. Im zweiten Kriegsjahr wurde der dritte Sohn Olaf (*15.5.1915, †28.3.1980) geboren, der drei Jahre alt war, als seine Mutter Lenchen Kleinwächter, geb. Orschulok, am 11. Juni 1918 im Alter von nur 41 Jahren an einer schweren Erkältungskrankheit starb. Wahrscheinlich war sie ein Opfer der damals grassierenden Spanischen Grippe: Dies war die schlimmste Grippe-Pandemie der Geschichte. Sie umrundete 1918 binnen weniger Monate die Erde und tötete bis 1920 mehr Menschen, als im gesamten Ersten Weltkrieg starben, und zwar vor allem junge Erwachsene. Max Kleinwächter allerdings glaubte, dass seine junge Frau sich bei einem Sängerfest eine hartnäckige Erkältung zugezogen habe, die zu ihrem viel zu frühen Tode geführt hatte.

Abb. 1: Justin und Magda Kleinwächter 1912

Im Haus des Lehrers Max Kleinwächter ging es bis dahin immer fröhlich und gesellig zu; es wurde viel gesungen, beide Eltern waren begeisterte Mitglieder in einem Sängerverein. Die beiden älteren Kinder bekamen frühzeitig Klavierunterricht. Das Foto von 1912 ist eines der frühen Kinderbilder, auf dem Justin mit seiner Schwester Magda abgebildet ist.

Justin erinnerte sich gern an die Ferienzeiten, die er als Junge in Schleise bei den Großeltern mütterlicherseits verbracht hatte. Allein neunmal waren es die Sommerferien und einige Male die Weihnachtsferien, die zu wahren Höhepunkten im Leben der Kinder wurden, schreibt sein Vater Max in seinen Erinnerungen. Die Ferienaufenthalte in Schleise endeten, als Großvater Orschulok 1912 in den Ruhestand trat. Er starb 1919, seine Frau Maria, geb. Buchnowski, im Jahr 1928.

Max Kleinwächter, der nicht eingezogen worden war, hatte in dieser Zeit allerlei amtliche Aufgaben im zivilen Bereich übernommen und stand im Sommer 1918, nach dem Tod seiner Frau, plötzlich mit vier Kindern allein da. Justin (17 J.), Magda (15 J.) und Siegfried (9 J.) gingen noch zur Schule; Olaf (3 J.) war ein Kleinkind, das besonders betreut werden musste. Max Kleinwächter schrieb in seinen „Lebenserinnerungen“ von sich:

Mit meiner Wirtschaft ging es immer mehr abwärts und meine Kinder verwilderten. Mit offenen Augen sah ich dieses Elend und musste allen Ernstes daran denken, meinem verwaisten Heim eine gute, erfahrene Mutter und eine tüchtige Hausfrau zuzuführen. Das war schwer. Ich selbst war als Ehemann nicht verführerisch, denn infolge der schlechten Ernährung, die die Zeit mit sich brachte, wog ich nur noch 116 Pfd. Wer wollte sich nun entschließen, mich zu heiraten? Dazu entschloß sich die Lehrerin Hedwig Reymann in Waldenburg, mit der ich dienstlich bekannt war und durch Verkehr mit der Familie Friedrich in nähere Beziehung trat. Am 23.6.1919 verlobten wir uns. Um der Schaulust der Waldenburger zu entgehen, beschlossen wir, uns am 4.12.1919 in Breslau standesamtlich und in der Adalbertkirche kirchlich trauen zu lassen. Am späten Nachmittag des vorangehenden Tages begaben wir uns nach dem Bahnhof Waldenburg. Als wir den Ring überschritten, rief Hede plötzlich: „Ich habe meine Handtasche verloren!“, in der sich das Hochzeitsgeld befand und alle Papiere. Siegfried, der uns begleitete, lief sofort zurück und hatte das Glück, die Tasche an den Baracken zu finden.

Die standesamtliche Trauung fand am Vormittag, die kirchliche am Nachmittag statt. Trauzeugen waren Franz Friedrich und sein Schwager Zumpfe aus Breslau und weitere Hochzeitsgäste, nämlich die Frauen der Vorgenannten und meine Mutter. [...] Große Freude herrschte bei den Kindern, als ich mit ihrer neuen Mutter ankam. Wir standen vor einem neuen Lebensabschnitt. Für mich und meine Kinder war ein solcher zurückgelegt, den Gott reich gesegnet hatte.“

Das Leben der Kleinwächter-Familie in Waldenburg war eingebettet in die damalige Zeitgeschichte. Im November 2018 brach das Kaiserreich zusammen und wurde – erzwungen durch den verlorenen Krieg – durch eine kurzlebige parlamentarische Monarchie und nach der Novemberrevolution durch die erste deutsche Republik ersetzt. All das führte zu einer großen Verunsicherung in der Bevölkerung. Friedrich Ebert (SPD) wurde neuer Reichskanzler und schlug, unterstützt von der Obersten Heeresleitung, die linksrevolutionären Bewegungen nieder. In der Wahl 2019 gewannen die Sozialdemokraten 38 Prozent der Wählerstimmen. Verwaltungssystem und Schulwesen wurden jedoch durch die Weimarer Verfassung kaum angetastet, und so blieb auch Max Kleinwächter im Amt. Politisch war der Normalzustand der Weimarer Republik die Krise: Inflation, Ruhrkrise, die Ermordung Walter Rathenaus. Die DAP, die Deutsche Arbeiterpartei, in die am 1.5.1919 Adolf Hitler eingetreten war, benannte sich im Februar 1920 in NSDAP (Nationalsozialistische Arbeiterpartei) um, verabschiedete ein Parteiprogramm und gab ab Dezember 1920 eine eigene Zeitung heraus, den „Völkischen Beobachter". Im Juli des Jahres 1921 wurde Adolf Hitler Vorsitzender der NSDAP, die eine nach dem Führerprinzip gestaffelte Hierarchie erhielt.

Wie mag mein Vater in dieser Zeit zur Beschäftigung mit Familiengeschichte gekommen sein? Anlass war wohl der Tod seiner Mutter und die Verwerfungen im Lebensalltag, die der Erste Weltkrieg mit sich gebracht hatte. Da mögen ihm die Aufzeichnungen seines Vaters Max in die Hände gefallen sein, die dieser verfasst hatte, als ein entfernter Verwandter der Kleinwächtersippe im Ruhrgebiet kinderlos verstorben war. Dessen Nachlassverwalter hatte sich an Max Kleinwächter gewandt und ihn gebeten, bei der Erbensuche behilflich zu sein. Da Max Kleinwächter zu diesen Erben gehören würde, stimmte er zu und wurde damit zum ersten Familienforscher der Sippe Kleinwächter. Diese Aufzeichnungen interessierten den 17-jährigen Justin, der die Notizen seines Vaters als Vorlage für eine Familienchronik nutzte, die er in schöner Fraktur in ein dickes Blankobuch eintrug. Seine Großmütter konnte er noch befragen, so dass Einzelheiten der Familiengeschichte ergänzt werden konnten.

Wie weit Justin diese Zeit der Wirren und politischen Umwälzungen als Jugendlicher reflektiert miterlebt hat, weiß ich nicht. Seine Chronik beginnt er 1918 mit den Worten:

Bleischwer, grau lastet die Gegenwart auf uns, und schnaubende Stürme reißen das welke Laub von den Bäumen. Kaum wagen wir die Augen zu erheben zu einer noch düsteren Zukunft, die unaufhaltsam immer näher kommt in graue Schleier gehüllt. Was wird sie den Verzweifelnden geben? Was wird sie bringen dem armen Vaterlande, das zertreten am Boden liegt? Nur die Vergangenheit bleibt uns noch, die sonnige, in die wir freien Blickes schauen dürfen, in der wir von Glück und Lust und Frieden, von Wonnen vermischt mit Leid wie in einem großen Schicksalsbuche lesen können, und die allein uns wiederaufrichten und stolzer und freier zu machen vermag.

Das Abitur hatte Justin 1921 in Waldenburg mit Auszeichnung abgelegt und war entschlossen, in Breslau die Technische Hochschule zu besuchen, um dort Mathematik und Physik zu studieren. Diese Fächer schienen die ideale Grundlage für einen späteren beruflichen Weg zu sein. Im gleichen Jahr 1921 war Justins einzige Schwester Magda gestorben. Sie war nach dem Besuch des Lyceums und eines hauswirtschaftlichen Lehrganges nach Westfalen gegangen, um dort eine Stellung in einem Haushalt anzutreten. Magda hatte sich dort rasch zu einer Weiterbildung als Laborantin entschlossen, erkrankte aber schwer und starb mit 18 Jahren in Mülheim an der Ruhr.

In seinen Lebenserinnerungen berichtet Max Kleinwächter von seinem ältesten Sohn:

Justin verbrachte als Primaner frohe Sommerferien bei seinem Paten, dem Revierförster Wilhelm in Kuropka und lernte dabei Maria Soremba, die Tochter des Breslauer Rektors Paul Soremba und Enkelin des Hauptlehrers von Trembatschau, Nowak, kennen. Aus dieser Bekanntschaft entwickelte sich eine romanti-

sche Jugendliebe, die aber später ins Vergessen kam, weil Justin an sein Studium denken musste.

Das nachfolgende Foto zeigt eine muntere Gesellschaft in Trembatschau, die anlässlich des Schweineschlachten zweier Tiere zusammengekommen ist.

Abb. 2: Schlachtgesellschaft in Trembatschau, ca. 1912

Die achte Person von rechts ist der Hauptlehrer Nowak, der Vater meiner Großmutter Maria Soremba, geb. Nowak. In der Zeit von 1916–1920 wurde in Trembatschau in der Schule auf deutsch unterrichtet. Lehrer waren unter anderem Fräulein Jopisch, Fräulein Wenzel und der Hauptlehrer Herr Nowak. Nach dem Versailler Vertrag wurde Trembatschau Polen zugesprochen. An der Schule wurde nur noch polnisch unterrichtet, von 1939–1945 wieder nur deutsch.

Studium in Breslau

An der Technischen Hochschule in Breslau waren die Voraussetzungen besonders gut, sich breit gefächert auszubilden. Seit 1921/22 konnten dort Studenten der Fachrichtungen Mathematik und Physik des technischen Studiums sowohl das Ingenieur-Diplom erwerben als auch zu Lehramtsanwärtern für höhere Schulen ausgebildet werden. Daran waren bis 1933 die Professoren Werner Schmeidler, Fritz Noether und Hans Happel beteiligt.

Prof. Dr. Werner Schmeidler (1890–1969) hatte in Göttingen studiert. Nach schwerer Verwundung im Weltkrieg wurde er 1917 promoviert, habilitierte sich 1919 und wurde Ordinarius der TH Breslau, wo er sich ab 1921 der Strömungslehre zuwandte. 1928 wurde Werner Schmeidler zugleich Leiter des Instituts für Versuchsflugzeugbau, das seinem Lehrstuhl angegliedert wurde. Diese interessante Konstellation prägte ganz offenbar Justins Studienweg. Werner Schmeidler lag die angewandte höhere Mathematik besonders am Herzen, die eine der Voraussetzungen für das Experimentieren mit verschiedenen Flugzeugkonstruktionen war, die im Institut für Versuchsflugzeugbau vorgenommen wurden.

Justin musste zunächst ein technisches Praktikum durchlaufen, ehe er das Studium im Wintersemester 1921/22 beginnen konnte. Er wählte ein Schlosserpraktikum in einem Waldenburger Bergwerk und erinnerte sich später gern an die Unterstützung durch den dortigen Meister, dem er freundschaftlich verbunden blieb.

In der TH Breslau lernte Justin das Studentenleben kennen, zu dem auch Studentenverbindungen und Burschenschaften gehörten. Es gab drei Burschenschaften, also schlagende Verbindungen, in Breslau, die die Farben Schwarz-Rot-Gold trugen. Der jüngste Bund war die Breslauer Burschenschaft „Cheruskia", gegründet 1876, deren Traditionsfarben Weiß-Rot-Schwarz waren. Sie hatte sich zwischenzeitlich aufgelöst, war dann aber 1910 an der Technischen Hochschule Breslau wiedergegründet worden. Justins Vater Max erinnert sich:

Als Justin 1921 die T.H. in Breslau bezog, war er der Meinung, dass als studentischer Verein für ihn nur eine schlagende Verbin-

dung in Betracht käme. Nur durch eine solche könne man einen Aufstieg nehmen. Ich war vollkommen dagegen und wünschte, dass er einer katholischen Verbindung beiträte. Justin ließ sich nicht belehren und trat bei den „Cheruskern" ein. Hier erlebte er eine große Enttäuschung: Justin war nach Breslau gekommen, um zu studieren. Bei der Verbindung wurde er dauernd in Fuchsendienste eingespannt, die ihn nicht zum Studium kommen ließen. Eine Mensur hatte er auch auszufechten. Im Übrigen war Justin in seinem ganzen Charakter für das spielerische Korpswesen nicht geeignet. Er vernachlässigte seine Fuchsendienste, weshalb man seine Mitgliedschaft aufhob.

Bei den Cheruskern hat Justin den Fechtsport kennengelernt und ihn später als Hochschulsport weiterbetrieben.

Abb. 3: Justin Kleinwächter beim Fechten, ca.1925

Nachdem er im Wintersemester 1921/22 das Studium an der TH Breslau in der Fakultät für Maschinenwirtschaft aufgenommen hatte, konnte er bereits im Wintersemester 1923/24 die erste Diplomprüfung mit dem Gesamturteil „Gut" ablegen.

Am 9.11.1923 versuchte Hitler mit der NSDAP und dem spektakulären Marsch zur Feldherrenhalle in München die Weimarer Republik durch einen Putsch zu beseitigen. Dieses Vorhaben misslang zwar zunächst, Hitler wurde aber bald amnestiert und gründete 1925 die NSDAP neu, die ihren Einfluss systematisch ausbaute. Schwer zu sagen, wieviel der damals zweiundzwanzigjährige Student Justin Kleinwächter von den politischen Verwerfungen seiner Zeit mitbekommen hat. Er kam aus einem Elternhaus, in dem die Zentrumspartei gewählt wurde. Von der NSDAP, der Nationalsozialistischen Arbeiterpartei, wird er gehört haben und davon, dass sie 1923 ebenso verboten wurde wie ihr Presseorgan der „Völkische Beobachter". Sicher kann man davon ausgehen, dass er das Nachkriegselend mit Hungersnot, Geldentwertung und schwierigen Lebensverhältnissen an sich selbst wahrgenommen hat. Sein Vater erinnert sich, dass Justin in den Semesterferien im Bergbau unter Tage gearbeitet hat, um sein Studium zu finanzieren, da ihn seine Familie kaum unterstützen konnte. Dennoch scheint Justin während seines Studiums an der Technischen Hochschule Breslau regelrecht aufgeblüht zu sein, seinen äußerst prekären Lebensumständen zum Trotz. Dankbar denkt Justin an seine Großmutter Marie Kleinwächter, geb. Kühnel:

Als Student habe ich meine alte Großmutter regelmäßig wöchentlich einmal an einem bestimmten Tag nachmittags in ihrem Zimmerchen in „Mariahilf" besucht. Den weiten Weg von der Marienstraße in Scheitnig bis zu ihr bin ich immer gelaufen, da ich Geld für die Straßenbahn nie übrighatte. In den ersten Semestern meines Studiums, die in die Geldentwertung fielen, ging es mir sehr schlecht. Da war das Mittagessen, das sie mir aufhob, oft die einzige bessere Mahlzeit der ganzen Woche und das kleine „Stipendium", das sie mir jedes Mal in die Hand drückte, war sehnlichst erwünscht.

Die Jahre 1921–1930 wurden von vielen Deutschen als eine verkehrte Welt erlebt, in der alte Werte nichts mehr zählten und ein Kohlrabi 50 Millionen Mark kostete. Menschen mit Immobilienbesitz und Geschick konnten sehr schnell Reichtümer anhäufen, während viele Kleinbürger verarmten und an ihren traditionellen Tugenden der Bescheidenheit, Sparsamkeit und Zukunftsvorsorge verzweifelten.

Justin aber war jung, hatte Freunde unter den Kommilitonen, nahm am studentischen Leben teil. Ob er nach den Erfahrungen mit der Burschenschaft „Cheruskia" in eine katholische Verbindung eingetreten ist, weiß ich nicht. Sicher ist er aber Mitglied der Akademischen Fliegergruppe (Akaflieg) der Breslauer TH geworden.

Von den familiären Problemen, die seine Eltern mit ihrem sechzehnjährigen Sohn Siegfried hatten, hat Justin wohl wenig mitbekommen. Siegfried, der eine Elektrikerlehre begonnen hatte, war am 26.8.1925 in Ausübung seiner Tätigkeit durch einen Stromschlag zu Tode gekommen. Das war die offizielle Version des traurigen Geschehens. Siegfried musste sich zum Sorgenkind der Familie entwickelt haben, obwohl er sich in der Elektrikerlehre geschickt anstellte. Es soll zu einem schweren Zerwürfnis mit seinem Lehrmeister gekommen sein, in dessen Folge Siegfried auf einen Kandelaber des Viadukts in Waldenburg-Dittersbach gestiegen sei und dort einen tödlichen Stromschlag erlitten habe. Diese Familientragödie wird die Freude über Justins Diplom-Hauptexamen überschattet haben, das er am 14.11.1925 mit der Gesamtnote „Gut" ablegte. Die Diplomarbeit wird mit „Sehr gut" beurteilt.

Vom Wintersemester 1924/25 bis zum Sommersemester 1927 war Justin Assistent bei Professor Happel am Lehrstuhl für Geometrie und Statik, ebenso bei Professor Schmeidler am Lehrstuhl für höhere Mathematik. Aus dieser Zeit stammt ein Foto, das Justin an seinem Arbeitsplatz in der TH Breslau zeigt. Damals war der Rechenschieber das wichtigste Hilfsmittel bei der Durchführung schwieriger Kalkulationen. Bei seiner Tätigkeit hat er mit hoher Wahrscheinlichkeit auch an den Konstruktionsreihen für den Versuchsflugzeugbau teilgenommen, die unter Schmeidlers Betreuung durchgeführt wurden. Das Spezialgebiet „Höhere Mathematik" und die praktische Beschäftigung mit dem Flugzeugbau, wie er in der

Akademischen Fliegergruppe der TH betrieben wurde, haben Justin in sein Lebensthema „Flugzeugbau“ eingeführt. Er wird sicher von der Gründung der Hitler-Jugend im Jahre 1926 gehört haben. Da seine Altersstufe davon nicht mehr betroffen war, wird ihn das kaum interessiert haben. Sein Interesse galt jetzt wohl verstärkt dem Flugzeugbau, denn die Akaflieg nahm mit selbstgebauten Segelflugzeugen an Wettbewerben teil und hatte auf dem Flugplatz Gandau, der mitten in Breslau lag, die notwendigen Werkstätten. Justin scheint dort immer wieder tätig gewesen zu sein. Hier konnte er seine Fähigkeiten einbringen und seine Kenntnisse über Flugzeugbau anwenden und vertiefen.

Abb. 4: Der angehende Ingenieur mit Rechenschieber

Seine Assistentenstelle nutzte Justin, um seine Dissertation vorzubereiten. Am 5.12.1927 wurde er zum Dr. Ing. promoviert. Seine Dissertation, die in der Verlagsdruckerei Peter in Breslau gedruckt wurde und bis heute online verfügbar ist, erschien 1928/29 unter dem Titel

Kleinwächter, Justin: *Über das Potential eines Quellringes und seine Verwendung zur Berechnung der Strömung in Düsen von Becherturbinen, Leipzig 1929, Peter, 52 S., 8°, Breslau TeH. Diss. V. 1928*

Das Thema entsprach dem Forschungsgebiet von Professor Schmeidler und den Versuchsreihen zu einem Flugzeugantrieb durch Düsentriebwerke, war aber auch von hohem Interesse bei der Entwicklung von Raketentriebwerken, wie sie dann auch Wernher von Braun vorantrieb.

Berufsleben in Reichenbach

Drei Tage nach seiner Promotion wurde Justin vom Ministerium an das Realgymnasium nach Reichenbach geschickt. Dort hatte er einen befristeten Vertrag als Lehrer für Mathematik und Physik. Justins hochfliegende Pläne, eine Tätigkeit zu finden, die seinen Interessen und seiner Ausbildung entsprechen würde, waren ins Leere gelaufen. Schuld daran waren die hohe Arbeitslosigkeit und die allgemein schlechte Wirtschaftslage. Wohl oder übel akzeptierte er die Entscheidung des Ministeriums, hoffte aber insgeheim, dass diese Stelle sich als Sprungbrett herausstellen würde.

Die Lehrertätigkeit an einer Schule war zwar eine neue Erfahrung, der Justin sich mit Geschick und Aufmerksamkeit widmete, ist aber sicher nicht das gewesen, was er sich nach dem Studium erhofft hatte. Dennoch schien diese Stellung ihm Mut zu machen, einen weiteren Lebensplan zu verwirklichen. Jetzt schien ihm der Zeitpunkt passend, seine langjährige Liebe, die Lehrerstochter Maria Soremba, zu fragen, ob sie seine Frau werden wolle. Sein Vater Max notiert:

Maria und Justin waren wohl füreinander bestimmt. In Breslau kreuzten sich ihre Wege wieder und es kam zum bleibenden Herzensbündnis. Maria war indessen Gewerbeoberlehrerin geworden und leitete die Waldschule in Kassel.

Diese Schule war eine zweizügige Mädchen-Oberschule und hatte erst 1926 ihren Betrieb aufgenommen. Justin hatte Maria Soremba bei Besuchen seines Patenonkel Friedrich Wilhelm, dem Förster von Kuropka, kennen und lieben gelernt. In Breslau waren sich die jungen Leute wieder begegnet und konnten ihre gegenseitige Zuneigung neu ausloten.

Max Kleinwächter berichtet in der Rückschau auf sein Leben:

Für die Dipl. Ing. gab es bei dem deutschen wirtschaftlichen Niedergang fast gar keine Wirkungsmöglichkeiten. Per Notverordnung versuchte man, Akademiker als stellvertretende Kräfte an den höheren Lehranstalten unterzubringen. Nachdem Justin noch eine Zeitlang beim Rektor der TH, Prof. Dr. Schmeidler, assistiert hatte, unterrichtete er Mathematik und Physik in einzelnen Breslauer höheren Lehranstalten und kam am ... an das Gymnasium in Reichenbach und bewährte sich dort einzigartig. Eines der Schulkollegien beurteilte im Revisions-Protokoll Justin wie folgt:

„Herr Dipl. Ing. Dr. Kleinwächter, der, ohne eine pädagogische Vorbereitung für den Unterricht an Höheren Lehranstalten genossen zu haben, die Vertretung eines fehlenden Fachlehrers übernahm, verstand es in kurzer Zeit, sich in den neuen Aufgabenkreis hineinzufinden. Sein Unterricht war musterhaft, klar dem Verständnis der einzelnen Altersklassen angepasst, geschickt und außerordentlich anregend, so dass er sehr gute Erfolge hatte. Auch die schlechtesten Schüler in den einzelnen Klassen wurden gut gefördert. Seinen Dienst, einschließlich der Vorbereitung der naturwissenschaftlichen Versuche, versah er pünktlich und fleißig. Über seine Pflichtstunden hinaus versammelte er die Schüler seiner Klassen zu physikalischen Anschauungen und Arbeiten an mehreren Nachmittagen der Woche; er stellte in diesen Stunden auch eine Reihe von Apparaten für die physikalische Sammlung her. Im Unterricht und außerhalb des Unterrichts traf er den rechten Ton gegenüber den Schülern, so dass er nicht nur keine disziplinarischen Schwierigkeiten hatte, sondern auch das Vertrauen und die Zuneigung der Schüler be-

saß. In die Geschäfte und Aufgaben eines Klassenlehrers arbeitete er sich mit Unterstützung des Kollegiums bald ausreichend ein. Im Kollegium war er beliebt. Gegenüber dem Direktor war er zuvorkommend und taktvoll; auf Anregungen ging er mit großem Verständnis ein. Außerhalb der Schule war sein Verhalten seiner Stellung angemessen. Gez. Müller.“

Max Kleinwächter schrieb seine Memoiren aus der Erinnerung. Einzelheiten mögen da etwas ungenau sein, aber die Situation als solche wird wohl korrekt wiedergegeben worden sein. Er ergänzt:

Es ist verständlich, dass der Direktor einen solchen Lehrer behalten wollte, und er redete Justin zu, bei der höheren Schule zu bleiben. Das kam für ihn aber nicht in Frage, da er sich weiter der Wissenschaft widmen wollte.

Verlobung und erste richtige Berufstätigkeit

In Reichenbach hatte Justin gehofft, die Stellung als Lehrer für Mathematik und Physik als Sprungbrett nutzen zu können. Das war offenbar nicht möglich. Als Lehrer hätte er womöglich an der Schule in Reichenbach bleiben können, aber Justin stellte sich seine Zukunft anders vor.

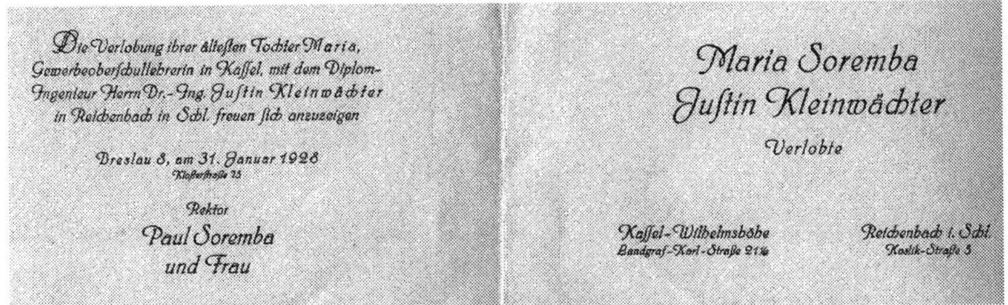
Die Verlobung ihrer ältesten Tochter Maria, Gewerbeoberschullehrerin in Kassel, mit dem Diplom-Ingenieur Herrn Dr.-Ing. Justin Kleinwächter in Reichenbach in Schl. freuen sich anzuzeigen

Breslau 8, am 31. Januar 1928
Klosterstraße 75

Rektor
Paul Soremba
und Frau

Maria Soremba
Justin Kleinwächter
Verlobte

Kassel-Wilhelmshöhe
Landgraf-Karl-Straße 21a

Reichenbach i. Schl.

Abb. 5: Verlobungsanzeige Justin Kleinwächter und Maria Soremba

Auch dem Breslauer Rektor Paul Soremba schien die Lehrertätigkeit in Reichenbach eine gute Voraussetzung für die Verlobung seiner Tochter mit dem jungen Dr. Ing. Justin Kleinwächter zu sein. Voller Stolz teilt er Freunden und Verwandten den Verlobungstermin mit: Es ist der 31.1.1928.

Da die Vertretungslehrerstelle in Reichenbach sich nicht zum Karrieresprungbrett entwickelte, sondern befristet blieb, bewarb sich Justin auf eine Stellenausschreibung der IG Farbenindustrie, mit der ein Leiter des Technisch-physikalischen Labors der IG Farben-Industrie AG, Werk AGFA-Film-und Kunstseidenfabrik in Wolfen bei Dessau gesucht wurde. Justin erhielt diese Stelle und trat sie am 1.10.1928 an. Diese neue Tätigkeit schien ihm nun ausreichende Sicherheit zu bieten, um an Heirat und Familiengründung zu denken.

Eheschließung mit Maria Soremba

Am 7.10.1929 heiratete Justin Kleinwächter seine Braut Maria Soremba. Die Trauung fand in der St. Mauritius-Kirche in Breslau statt, der Heimatpfarrkirche der Braut. Zu den Festgästen gehörte auch Else Burlage, die befreundete Kollegin aus Kassel. Dass sie diejenige sein würde, die ihre heimatvertriebene schlesische Kollegin samt ihren sieben Kindern im Jahre 1946 im münsterländischen Greven unterbringen würde, ahnte damals niemand.

Mit einer Fotokarte bedankte sich das Paar bei den Hochzeitsgästen. Auf dem Bild ist die ganze Hochzeitsgesellschaft zu sehen: vor dem Brautpaar die Schwestern der Braut Christel und Resel, vor dem Bräutigam der Bruder Olaf. Hinter dem Brautpaar stehen links die Eltern Paul und Helene Soremba, rechts hinter dem Bräutigam die Eltern Max und Hedwig Kleinwächter. In der Reihe davor 2. von rechts Edgar Soremba, der Bruder der Braut, in der letzten Reihe 2. von links Hanne Soremba, die Schwester der Braut, daneben ihr Verlobter Lothar Jahn. Neben diesem Else Burlage. Edgar Soremba (*05.08.1903 †12.09.1981) war der Älteste in der Geschwisterreihe der Soremba-Kinder. Er war Priester geworden und später Pfarrer von St. Peter und Paul in Oppeln.

Abb. 6: Das Brautpaar

Abb. 7: Die Hochzeitsgesellschaft vor der. St. Mauritius-Kirche in Breslau

Das junge Paar zog nach Dessau und fand in der Werderstraße 25 eine passende Wohnung, allerdings war Justins neuer Arbeitsplatz nicht in Dessau, sondern in Wolfen, so dass tägliche Zugfahrerei notwendig wurde. Leider stellte sich schnell heraus, dass die Arbeit in Wolfen nicht das war, was Justin erwartet hatte. Aufstiegschancen schien es nicht zu geben, wenn man kein NSDAP-Mitglied war, weshalb Justin schon nach kurzer Zeit das Arbeitsverhältnis wieder kündigte und nach Breslau zog. Seine Eltern und Schwiegereltern waren entsetzt, dass ein anscheinend sicherer Arbeitsplatz in Zeiten allgemeiner Arbeitslosigkeit aus persönlichen Gründen aufgegeben wurde.

Max Kleinwächter notiert:

Am 31.1.1928 hatten sich Maria und Justin verlobt. Am gleichen Tage feierte Edgar seine Primiz in der St. Mauritius-Kirche. In der gleichen Kirche fand am 7.10.1928 die Hochzeit des jungen Paares statt. Die weltliche Feier verlief in bester Weise im St. Vinzenzhause. Das junge Paar zog nach Dessau und hatte dort eine eigene Wohnung.

Justin fand mit seinen Leistungen die vollste Anerkennung der Betriebsleitung. Im Jahr 1929... fand bei dieser eine Umstellung statt. An Stelle des bisherigen Direktors trat der Schwiegersohn des Generaldirektors Bueb aus Friedrichshafen an und brachte sich einen ganzen Stab von Freunden mit. Diese wurden den einzelnen Abteilungsleitern an die Seite gestellt und sollten von diesen in ihre Arbeitsgebiete eingeführt werden. Zu welchem Zwecke lässt sich leicht erraten. Nach einiger Zeit wurde ein alter Abteilungsleiter entlassen und der Freund des Direktors trat an seine Stelle. Da wurde Justin bei diesem vorstellig, denn auch ihm hatte man einen solchen „Assistenten" beigegeben, und bat um die Erklärung, ob er in seiner Position verbleiben werde. Darauf erhielt er eine ausweichende Antwort, worauf Justin sofort kündigte. Er wurde sofort beurlaubt und durfte die Fabrik nicht mehr betreten. Zugleich trat die Karenz- oder Konkurrenzklausel in Kraft. Diese besagte, dass Justin, falls er mal von der IG weggehe, er zwei Jahre lang keine Stellung in einem Konkurrenzunternehmen annehmen dürfe. Sollte er darauf keine Stellung bekommen, so bezahlt die IG-Farben 110 % des letzten Gehalts 2 Jahre lang weiter, ohne dass Justin einen Finger krumm zu machen braucht. Justins Entschluß schlug wie eine Bombe bei uns ein – eine so glänzende und aussichtsreiche Stellung aufzugeben! Justin hatte damit sein Schicksal selbst in die Hand genommen.

In Breslau wurde Justin wieder wissenschaftlicher Assistent am physikalischen Institut der Technischen Hochschule und trug sich mit dem Gedanken, noch das Staatsexamen in Physik abzulegen, um sich anschließend zu habilitieren.

Justin scheint ein sehr selbstbewusster junger Mann gewesen zu sein. Auf der Rückseite dieses Fotos erwähnt er ausdrücklich, dass es sich dabei um eine „Amateuraufnahme" handle, die sein Schwiegervater 1930 in Breslau gemacht hat, und deutet damit an, wie er sich auch ohne Atelieraufnahme gut ins Bild zu setzen verstand.

Abb. 8: Justin auf einer „Amateuraufnahme"
1930 in Breslau

Sein Vater notiert besorgt in seinen Lebenserinnerungen:

Justin und Maria stellten ihr Wohnen in Dessau ein und bezogen in Breslau eine Notwohnung. Indessen (29.8.1930) hatte sich schon ein Kind eingefunden, Liesel.

In dieser Zeit nahm die deutsche Wirtschaft einen ungeheuren Niedergang, und es war für Justin unmöglich, eine neue Stellung zu finden. Er studierte deshalb an der Breslauer TH Physik. Daheim zimmerte er Behelfsmöbel und half seinem Wirt bei der Arbeit auf dessen Holzplan. Schließlich liefen die beiden Karenzjahre ab und Justin wurde arbeitslos. Nun lernte er mit den Seinen auch diese Notzeit kennen.

1932 nahm Justin die Arbeit an der Familiengeschichte Kleinwächter wieder auf. Zu Beginn schrieb er – wieder in schöner Fraktur-Druckschrift:

Wenn Du später diese Zeilen liest, Sohn oder Enkel oder Urenkel, so wisse, daß jeder Buchstabe des Wortes Krieg einen Schritt bedeutet auf dem Leidenswege, den wir alle gehen mußten: K = Krieg, R = Revolution, I = Inflation, E = Erwerbslosigkeit, ob aber auch für uns das G wieder kommen wird, die gute Zeit, das weiß nur Gott allein!

Als die Karenzgelder aus Wolfen ausblieben, war Justin ohne jedes Einkommen. Im Herbst 1931 wurde allen Assessoren und auftragsweise Beschäftigten gekündigt, auch den Assistenten. Seine Frau Maria schrieb am 29.9.1931 an ihre Freundin Agi Franz:

Unsere „Ferien" beginnen am Mittwoch und Gott allein weiß, wie lange sie noch dauern sollen ... Es ist nämlich allen Assessoren und auftragsweise Beschäftigten gekündigt worden. Es besteht zwar eine ganz kleine Hoffnung, daß Justin bei einem Mangel an Mathematikern wieder zurückgeholt wird und von dieser Hoffnung nähren wir uns.

Justin teilte das Schicksal der Arbeitslosigkeit mit Millionen. Das vorhandene Geld reichte kaum für die Miete. Er suchte verzweifelt nach einer bezahlten Beschäftigung und schrieb am 31.3.1932 an seinen Freund Fritz Franz, dass er immer noch keine Arbeit gefunden habe, sich aber zu beschäftigen wisse:

> *Auch der Kursus für Arbeitslose ist bis jetzt noch nicht zustande gekommen, es ist das totale Vakuum eingetreten. Ich gebe aber die Hoffnung nicht auf. Ich habe mir ein Radio gebastelt. Apparat und Lautsprecher habe ich natürlich selber gemacht. - Eben ruft einer Deiner PGs in das Mikrophon hinein „Gebt Adolf Hitler den Rundfunk frei!" So steht man also in schöner Weise mit der Welt in Verbindung. – Wir wünschen Dir ein frohes Osterfest und uns allen eine bessere Zukunft!*

Als bei den Reichstagswahlen im Juli 1932 die NSDAP mit 230 Mandaten stärkste Fraktion wurde, plädierten Wirtschaftsvertreter beim Reichspräsidenten für die Ernennung Hitlers zum Reichskanzler. Die Nationalsozialistische Deutsche Arbeiterpartei war im Aufwind, und ganz offenbar sah ein großer Teil der deutschen Bevölkerung in ihr einen Hoffnungsträger besserer Zeiten. Viele schlossen sich damals der NSDAP an oder sympathisierten mit ihr, weil sie hofften, durch sie der aktuellen Misere entgehen zu können.

Im November 1932 kam Peter, Justins zweites Kind zur Welt, ein Sonntagsjunge.

Durch die Akaflieg und wohl auch durch seinen Professor Dr. Ing Werner Schmeidler hatte Justin einige Aufgaben auf dem Breslauer Flugplatz Gandau bekommen. Justin war dort für einen Hungerlohn als Platzwart tätig, unterstützte die Segelflieger bei ihren Konstruktionen, lernte Leute kennen und versuchte, wie der Großteil der Bevölkerung, deren Stimmungslage auf einem Tiefpunkt angekommen war, irgendwie zu überleben.

Die Weimarer Republik hatte zu diesem Zeitpunkt bereits ausgedient. Sie war im Zuge der Novemberrevolution 1918 als demokratische Staatsform in Deutschland entstanden, getragen von den bürgerlichen Parteien und angefeindet von rechts- und linksgerichteten radikalen Parteien. Bei den Reichstagswahlen am 31. Juli 1932 wurde Adolf Hitlers NSDAP mit 37 Prozent der abgegebenen Stimmen stärkste Kraft.

Beruflicher Aufstieg

Die Machtergreifung

Das Jahr 1933 wurde nach den vorangegangenen Nachkriegskatastrophen mit Aufruhr, Inflation, Weltwirtschaftskrise, Massenverelendung und mehr als sechs Millionen Arbeitslosen zum deutschen Schicksalsjahr. Als der greise Reichspräsident von Hindenburg Adolf Hitler am 30.1.1933 die Kanzlerschaft antrug, griff dieser nach der ihm übertragenen Macht, propagierte die Beseitigung der Arbeitslosigkeit und krempelte im Handumdrehen alles um, was bisher die Weimarer Verfassung für richtig und notwendig erachtet hatte. Damit erreichte er ganz offensichtlich einen Großteil der Bevölkerung, die jegliches Vertrauen in die demokratische Reichsregierung verloren hatte.

Der Reichstagsbrand in der Nacht zum 28.2.1933 beschleunigte den Übergang zu einem diktatorischen System und zur Demontage des Rechtsstaats. Die dadurch motivierte Reichstagsbrand-Verordnung wurde am 24.3.1933 durch das „Ermächtigungsgesetz" staatsrechtlich formalisiert und fand im Reichstag eine Mehrheit – alle 81 KPD-Abgeordneten und 26 Sozialdemokraten waren verhaftet worden oder befanden sich auf der Flucht. Am Ende standen den 444 Ja-Stimmen (darunter die des Zentrums) nur noch 94 Nein-Stimmen der Sozialdemokraten gegenüber. Damit wurden alle Machtmittel dem Reichskanzler und dem nationalsozialistischen Innenminister unmittelbar in die Hand gegeben und diese faktische Aufhebung der Gewaltenteilung wirkmächtig inszeniert, unter anderem durch den „Tag von Potsdam", bei dem der Feldmarschall des Ersten Weltkriegs, Paul von Hindenburg, der nationalsozialistischen Bewegung in Gestalt von Adolf Hitler symbolisch die Verantwortung für das Schicksal der Nation übergab.

Damit war der Weg frei zur bald so genannten „Gleichschaltung". In allen noch nicht unter nationalsozialistischer Herrschaft stehenden Ländern und Organisationen wurden systematisch Gegner des Regimes und Menschen jüdischer Herkunft aus Führungspositionen entfernt, die Gewerkschaften zerschlagen und durch Bücherverbrennungen die kulturelle Hegemonie der Nationalsozialisten auch an den Universitäten deutlich gemacht. Die Gleichschaltung erfasste auch Studentenschaften und Jugendorganisationen. Das „Gesetz über die Wiederherstellung des Berufsbeamtentums“ vom 7.4.1933 war die Basis für große personelle Rochaden und eröffnete neue Chancen.

Dazu kam die Wiederaufrüstung. Schon zuvor waren die Verbote des Versailler Vertrages heimlich unterlaufen worden. Nun wurde die allgemeine Wehrpflicht wiedereingeführt, ebenso wie der motorisierte Flugzeugbau im Hinblick auf eine kriegstaugliche Luftwaffe. Schon am 30.1.1933 hatte Hitler für Hermann Göring das Amt des „Reichskommissars für den Luftverkehr“ geschaffen. Im April wurde die Behörde des Reichskommissars in den Rang eines Reichsministeriums erhoben. Göring wurde Reichsminister der Luftfahrt und März 1935 erster Oberbefehlshaber der neuen Luftwaffe. Dahinter stand ein umfassendes militärisch-strategisches Gesamtprogramm, wie wir es aus den im November 1937 aufgezeichneten Hoßbach-Protokollen kennen: die deutsche „Raumfrage“ durch Angriffskrieg zu lösen. Hermann Göring war der Mann, der dieses Programm auf wirtschafts- und rüstungspolitischem Gebiet umsetzte. Dabei hatte der rasche Ausbau der Luftfahrt und Luftwaffe hohe Priorität und eröffnete auch für Justin Kleinwächter neue Karrierechancen. Eine der ersten Amtshandlungen des RLM war es, alle Patente von Hugo Junkers und seiner Firmen (Junkers & Co sowie Junkers Motorenbau und Junkers Flugzeugwerk) in widerrechtlicher Weise zu übernehmen. Dies bezog sich insbesondere auf die Rechte um die legendäre Junkers JU52. Dazu wurde die Luftfahrtkontor GmbH gegründet, die als Tarngesellschaft die Beteiligung an Junkers verwaltete.

Damals hatte die Luftfahrt bereits eine Erfolgsgeschichte hinter sich: 1891, also zehn Jahre vor Justins Geburt, hatte der Maschinenbau-Ingenieur Otto Lilienthal als erster Mensch im Gleitflug Distanzen zwischen 50 m und 250 m überquert und viele Flugapparate ausprobiert. Der Flugpionier August Euler hatte 1909 als erster Deutscher das Internationale Flugzeugführer-Patent erworben, und

1915 baute der Ingenieur Hugo Junkers in Dessau das erste Ganzmetallflugzeug der Welt, die Junkers J1. Am 12.12.1915 ging dieser „Blechesel“ erstmalig in die Luft. 1917, also mitten im Ersten Weltkrieg, wurde die Allgemeine Elektrizitäts-Gesellschaft (AEG) gegründet, deren Aufsichtsratsvorsitzender Walther Rathenau die Deutsche Luft-Reederei (DLR) ins Leben rief. Damit begann die Geschichte der zivilen Luftfahrt in Deutschland. 1919 wurde die DLR vom Reichsluftfahrtamt in Berlin als weltweit erste Fluggesellschaft für den zivilen Luftverkehr zugelassen. Flugzeugbau für den militärischen Einsatz war durch den Versailler Vertrag in Deutschland untersagt, weshalb in den Nachkriegsjahren der Segelflug eine herausragende Rolle spielte. Davon wird Justin als Schüler gehört haben, denn neue Techniken werden ihn interessiert haben. Wie weit sie Einfluss auf seine spätere Ausbildung hatten, kann nur vermutet werden. Als 1924 auf der Wasserkuppe bei Fulda die erste Flugschule Deutschlands eröffnet wurde, war Justin bereits Student an der TH Breslau und möglicherweise in Kontakt mit dem dortigen Versuchsflugzeugbau gekommen. Prof. Dr. Werner Schmeidler war zu dieser Zeit Rektor der TH Breslau und hatte den vielversprechenden Studenten wohl auch persönlich kennengelernt.

Für Justin Kleinwächter muss das Jahr 1933 ein Jahr voller überraschender Veränderungen in seinem Leben gewesen sein. Nur andeutungsweise spiegeln das die wenigen persönlichen Quellen aus dieser Zeit wider.

Am 25.6.1933 wurde Liesel, Justins älteste Tochter, nach Waldenburg zu den Großeltern gebracht. Sie sollte ein paar Wochen dort bleiben und den Haushalt der jungen Familie entlasten. Justin feierte im Freundes- und Familienkreis am 17.9.1933 seinen 32. Geburtstag. Dabei entstand ein Foto als Momentaufnahme. Justin scheint es darauf deutlich besser zu gehen, die anwesenden Verwandten unterstützen den positiven Eindruck. Was mag inzwischen geschehen sein? Justin sah nicht mehr aus wie ein verzweifelter, arbeitsloser Familienvater. In seinen Lebenserinnerungen schrieb Max Kleinwächter:

Abb. 9: Justin feiert in Oliva seinen 32. Geburtstag

Der einzige, der an Justins Zukunft glaubte und an seinem Schicksal aufrichtigen Anteil nahm, war Prof. Dr. Schmeidler, der es im Sommer 1934 vermittelte, dass Justin Betriebsleiter des zur TH gehörenden Flugzeugbaus auf dem Flugplatz Gandau wurde und auch dort nebenbei die Tankstelle übernahm, was für ihn eine ganz beachtliche Einnahmequelle bedeutete.

Aber ob diese Erinnerung zutreffend war, ist fraglich, denn die Eltern schienen nicht informiert gewesen zu sein, wie sich Justins Leben inzwischen verändert hatte.

Neue berufliche Möglichkeiten

Erst ein ausführlicher Brief, den Justin am 28.6.1934 an seine Eltern in Waldenburg schrieb, enthält erstaunliche Informationen. Er beginnt zunächst mit harmlosen Familiennachrichten: Über seine drei munteren Kinder, über seine Frau, der es nach der Geburt von Matthias (*1.1.1934) schon wieder recht gut ginge, dass für den Sommer ein Ferienaufenthalt in Verlorenwasser geplant sei, dass er da aber nur sporadisch auftauchen werde, obwohl er jetzt schon Ferien nötig hätte und dass er förmlich in Arbeit ersticke, die ihn täglich bis zu 16 Stunden beschäftige. Um welche Tätigkeiten es sich handelte, beschrieb er so:

Ich werde Euch mal alle Titel aufzählen, ich staune immer selber, wie ich so dazu gekommen bin, jedenfalls bin ich aufgestiegen wie ein Luftballon:

*1. Ich bin **Betriebsleiter** des Flugzeugbaus in Gandau, wobei schon allerhand zu tun ist,*
*2. **Abteilungsführer** in der Fliegerlandesgruppe XV Schlesien und*
*3. **Landesgruppenbauprüfer**. Dort untersteht mir das gesamte Flugzeugbauwesen in Schlesien (ca. 550 Maschinen), alle Baukurse, Arbeitsamtslehrgänge usw. Der Charge nach stehe ich im Range eines Standartenführers, die Uniform wird z.Zt. noch von Göring erfunden, weil dieses Amt erst seit 2 Wochen besteht. Ich finde das beachtlich!*
*4. Ich bin **Beauftragter des Deutschen Forschungsinstitutes für Segelflug** in Darmstadt, der höchsten Aufsichtsbehörde für den Segelflug in Deutschland. Das gilt auch für die Provinzen Schlesiens.*
*5. Ich bin **amtlicher Sachverständiger für das Flugwesen** beim Oberpräsidium in Breslau und habe in dieser Funktion Polizeigewalt. Bei allen Unfällen mit schwerer Personenschädigung werde ich mit der Untersuchung beauftragt und muss die Vernehmungen machen. Neulich war ich in Niesky O/L, wo sich ein Todessturz ereignet hatte.*
6. Ich bin im vorbereitenden Ausschuß für die demnächst in Breslau zu eröffnende Deutsche Luftfahrtausstellung
*7. Ich bin in **der Technischen Kommission für den internationalen Rhön-Segelflugwettbewerb**. Diese Kommission besteht aus den 10 besten Kennern des Flugzeugbaus in Deutschland, was*

ich wiederum beachtlich finde. Am 20.7. fahre ich in die Rhön zum Wettbewerb.

Glücklicherweise sind das nicht Titel ohne Mittel. Ich beziehe, außer meinem Gehalt in Gandau, ein weiteres festes Gehalt bei der Landesgruppe und habe außerdem noch Vertrauensspesen. Allerdings geht letzteres so ziemlich drauf, da ich sehr viel herumreisen muß und gezwungen bin, wie ein Fürst aufzutreten, da ich überall nur mit den ganz großen Bonzen zu tun habe. Vorgestern war in meinem Büro in Gandau der Herr Polizeipräsident von Hiddessen, der sich von mir eine Bescheinigung ausstellen ließ. Er will in Waldenburg vom Arbeitsamt einen Arbeitslosenlehrgang im Flugzeugbau einrichten und brauchte eine Bescheinigung, daß die Teilnehmerzahl und die Länge des Kurses richtig bemessen war. Ich lerne auf diese Weise die höchsten Instanzen kennen. Sonnabend und Sonntag hatte ich eine Tagung in Hindenburg, wobei es von Direktoren nur so wimmelte. Ich werde mal so aufzählen, wo ich diesen Monat schon überall war: Niesky, Görlitz, Reichenbach, Langenbielau, Frankenstein, Glatz, Landeck, Habelschwerdt, Glogau, Ottmachau, Patschkau, Beuthen, Hindenburg, Gleiwitz, Brieg, Oppeln, Hirschberg, Praust usw., meistens im Dienstauto. Jedenfalls sieht man, daß die Welle aufwärts geht. Heute habe ich seit Wochen den ersten freien Nachmittag. Morgen habe ich wieder eine Tagung in Breslau, übermorgen in Bunzlau und so geht das ohne abzureißen. Da ich nun im Flugzeugbau diese Position errungen habe (höher kann ich in Schlesien nicht mehr steigen), hoffe ich, es nun doch noch mal gelegentlich zum Professor auf diesem Gebiete zu bringen. Dann hat man ein ruhigeres Leben, so wie es jetzt geht, werde ich es sowieso nicht allzu lange aushalten können, da die Verantwortung und das viele Rumgefahre ziemlich auf die Nerven geht.

Justin schien selbst überrascht zu sein von dieser spektakulären Wende seiner bisher so schwierigen wirtschaftlichen Verhältnisse. Aber er gab keine Erklärung ab, wie und warum er zu den verschiedenen Aufgaben gekommen war. Hintergrund war zweifellos die

Gleichschaltung der Luftfahrt, unter anderem die Zusammenfassung sämtlicher Luftsportorganisationen, so auch der Rhön-Rossitten-Gesellschaft und des Aero-Klub von Deutschland, der nur noch als Repräsentation gegenüber dem Ausland bestehen blieb, in einem einheitlichen Verband, dem Deutschen Luftsportverband (DLV). Alle so vereinigten Einrichtungen wurden dem Luftfahrtministerium, dem Reichswehrministerium und der Obersten SA-Führung unterstellt. Die Mitglieder des DLV erhielten durch das im Dezember 1933 erlassene Reichsluftfahrtgesetz dieselben Rechte wie die Mitglieder der SA, SS und des Stahlhelms, dessen Flugzeugstaffeln ebenfalls in den DLV eingegliedert worden waren. Der von Justin in seinem Brief erwähnte Ferdinand von Hiddessen (1887–1971) war ein deutscher Flugpionier, NSDAP-Mitglied und 1933/34 Polizeipräsident in Waldenburg/Niederschlesien.

Durch die Gleichschaltung aller mit der Luftfahrt verbundenen Gruppierungen wurde es notwendig, auch hier ein hierarchisch geordnetes Führungspersonal zu rekrutieren. Das fand sich in den verschiedenen gleichgeschalteten Vereinen, so auch im DLV selbst. Dieser Verein hatte von 1933 bis 1937 die Aufgaben der paramilitärischen Ausbildung zunächst im Verborgenen (1933–1935) und nach der Erlangung der Wehrhoheit im Rahmen der militärischen Luftgaureserve durchzuführen. Am 17.4.1937 wurde durch Führererlass das Nationalsozialistische Fliegerkorps geschaffen, eine paramilitärische nationalsozialistische Organisation und Rechtsnachfolger des DLV. Offenbar gab es dabei schon eine Führerrangliste auf allen Ebenen, denn nun brauchte man auf allen hierarchischen Ebenen „Führer“. Die mussten aus der Mitte der Segelflugbegeisterten kommen, aber auch aus den Reihen ehemaliger Heeresflieger im Ersten Weltkrieg. Von ihnen war ein Mindestmaß an Sachverstand auf den einzelnen Ebenen zu erwarten und ein hohes Maß an Einsatzfreude. Wo wird man sich erkundigt haben? Sicher an den Technischen Hochschulen, aber auch in den einzelnen Segelfliegergruppen, die es überall in Deutschland gab. Auch hier wurde nach fähigen Leuten gesucht, die Aufsichts- und Kontrollaufgaben übernehmen konnten. Erkundigungen wurden sicher auch an den Hochschulen eingezogen. Prof. Schmeidler wird Justin Kleinwächter als besonders fähigen Ingenieur empfohlen haben. Justin entsprach anscheinend genau dem Typus der Luftfahrt- und Flugzeugbauexperten, die in dieser Zeit gebraucht wurden.

Abb. 10: Justin in Luftwaffenuniform, Oliva 1936

Wann Justin die ihm übertragenen Aufgaben übernommen hatte und wer sie ihm übertrug, geht aus dem Brief vom 28.6.1934 an seine Eltern in Waldenburg nicht hervor. Justin erwähnt, dass er im Range eines Standartenführers sei, was dem militärischen Rang eines Obersten entspricht. Die Randbemerkung, dass es für ihn noch keine Uniform gäbe, weil das Amt erst seit zwei Wochen existiere und Göring sie noch entwerfen müsse, zeigt, mit welcher Nonchalance er seine neue Lebensentwicklung sah.

Tatsächlich gab es seit dem 10.4.1934 beim DLV eine Uniform, die der späteren Luftwaffenuniform sehr ähnlich sah. Eine einzige Aufnahme meines Vaters in dieser Uniform ist erhalten geblieben. Sie wurde 1936 in Danzig-Oliva, in Vaters Arbeitszimmer aufgenommen. Erinnern kann ich mich nicht, meinen Vater je in Uniform gesehen zu haben.

Die Ämterhäufung selbst hat Justin zwar erstaunt, aber ganz offensichtlich traute er sich die damit verbundenen Aufgaben auch zu. Ich habe keinen Hinweis auf diejenigen gefunden, die ihm diese Ämter übertragen haben. Aber Justin nennt in seinem Brief an die Eltern auch schon das eigentliche Ziel seines Ehrgeizes, „*es nun doch noch mal gelegentlich zum Professor auf diesem Gebiete zu bringen.*“ Diese Hoffnung erfüllte sich schneller als er selbst gedacht hatte.

Sein Vater Max schrieb in seinen Lebenserinnerungen:

Eine überraschende Nachricht brachte Mutter am 13.9.1934 aus Breslau mit, wo sie die Kinder besucht hatte. Als sie mich begrüßte, war ihre Frage: „Weißt Du, was Justin wird?“ – „Wird er etwa Professor?“ – „Ja! Heute hat sich das entschieden.“

Justin hatte sich etwa ein Jahr vorher um die Assistentenstelle im Flugzeugbau an der Danziger TH beworben, aber diese Angelegenheit längst vergessen. Da erhielt er im September 1934 vom Rektor der TH Danzig die Aufforderung zu einer Unterredung auf dem Breslauer Bahnhof. Hier fragte ihn der Rektor, ob er seine Bewerbung noch aufrecht erhalte. Im Hinblick auf seine jetzige Position antwortete Justin: „Nein. Eine Assistentenstelle käme für ihn nicht mehr in Frage.“ Darauf hin bot ihm der Rek-

tor die Professur an, die Justin annahm. Schon für den 1. Oktober. würde er als Leiter und außerordentlicher Professor des Techn. Instituts für Flugzeugbau in Danzig vom Senat berufen."

Die Professur für Luftfahrzeugbau an der Technischen Hochschule Danzig war 1927 eingerichtet worden. Der bisherige Lehrstuhlinhaber war Prof. Wagner, der sich während seiner Zeit in Danzig sehr für die Errichtung eines eigenen Instituts für Flugzeugbau eingesetzt hatte. Das wird Justin zu Ohren gekommen sein. Falls man noch einmal auf ihn zukäme, wollte er dort nicht als Assistent aufkreuzen, denn nun könnte er mehr Ansprüche stellen. Tatsächlich erhielt er eine Position als Professor an die TH Danzig, wo er ab dem 1.10.1934 die Leitung des Flugtechnischen Instituts und damit die Nachfolge von Prof. Wagner übernehmen sollte.

Abb. 11: Professorenabschied 1934 – links sitzend Maria und Justin Kleinwächter

Diese Berufung wurde in der Familie voller Stolz gefeiert und war Anlass zu Abschiedsbesuchen bei „Professors". Einer davon fand am 10.10.1934 statt, als Hans Jaeschke mit seiner Frau, Vater Paul Soremba und dessen Kinder Hanne und Heinz sich bei Justin und Maria trafen. Der offizielle Antrittstag in Danzig war zwar der

1.10.1934, aber Justin hatte wohl noch keine Präsenzpflicht, denn am 12.10.1934 fand noch ein Abschiedstreffen statt, an dem Freunde, Bekannte und Verwandte teilnahmen.

Am 13.11.1934 fand in Breslau das doppelte Wiegenfest von Paul Soremba und Peter Kleinwächter statt. Wie es der Zufall wollte, hatten beide am gleichen Tag Geburtstag – der eine wurde 57, der andere zwei Jahre alt. Justin konnte an diesem Festtag nicht teilnehmen, weil er bereits in Danzig war, um dort sein neues Arbeitsfeld zu erkunden und nach einer geeigneten Wohnung für sich und seine Familie zu suchen. Sein Schwiegervater adressierte einige Tage später die Rückseite einer Fotokarte an

Herrn Professor Dr. Ing Kleinwächter, Danzig-Langfuhr, Rickertweg 12

dankte für die Geburtstagsglückwünsche und schrieb:

An Deinen Wohnungssorgen nehmen wir lebhaft Anteil. Wähle nur gut!

Die Wohnungssuche in Danzig und Umgebung scheint nicht leicht gewesen zu sein, denn das Weihnachtsfest 1934 verbrachte Familie Kleinwächter in Waldenburg, zusammen mit Hans und Olaf, der eine Polizeiausbildung machte. Vater Max Kleinwächter war als Konrektor aus dem Schuldienst ausgeschieden. Eine hochgradige Schwerhörigkeit hatte ihm das Unterrichten unmöglich gemacht. Da er schon seit etlichen Jahren als Heimatschriftsteller für das „Waldenburger Tageblatt“ tätig gewesen und Herausgeber des „Berglandkalenders“ war, wusste er seine freie Zeit gut zu nutzen, schrieb unter Pseudonym eine tägliche Spalte für Kinder und erfreute seine Leser mit heimatkundlichen Informationen über das Waldenburger Bergland.

Was wird bei solchen Treffen im Familien- und Freundeskreis besprochen worden sein? Sicher nicht nur die ganz privaten Tagesthemen, sondern auch die Unwägbarkeiten, die das neue Regime mit sich brachte. Dazu gehörte auch der aktuelle Status der Stadt Danzig, die nach den Bestimmungen des Versailler Vertrages ein Freistaat geworden war und nicht mehr zum Deutschen Reich gehörte, sondern unter der Aufsicht des Völkerbundes stand. Was würde Justin dort erwarten? Wie würde er sich in das Hochschulkollegium einreihen? Würde er Freunde finden, die seine Gesinnung teilten? Welche Aufgaben warteten auf ihn? Alle diese und andere Fragen sollten sich in den nächsten Wochen und Monaten klären lassen. Dass er seiner neuen Aufgabe gerecht werden würde, schien ihm offenbar keinerlei Sorgen zu bereiten.

Die Technische Hochschule Danzig

Danzig hatte gemäß den Vereinbarungen des Versailler Vertrages einen besonderen Status als „Freie Stadt Danzig“, erhielt Souveränität und bildete eine Zollunion mit Polen. Durch Gebietsabtretung wurde der sogenannte Polnische Korridor geschaffen, der Polen den Zugang zur See eröffnete. Danzig und das Memelland wurden vom Deutschen Reich abgetrennt und unter den Schutz des Völkerbundes gestellt. 1921 gründete der Flugzeugpionier Hugo Junkers in Danzig die Deutsche Luftpost GmbH zur Beförderung von Personen und Post. Dies führte in den Folgejahren zu regem Flugverkehr vom Flughafen Danzig-Langfuhr aus.

Die Danziger Technische Hochschule war 1904 gegründet worden, um auch im Osten des Reiches höhere technische Bildung zu ermöglichen, mit einem Schwerpunkt in Wasserbau, Schiffbau und Marine und im Zusammenhang mit der Flottenpolitik Wilhelms II. Sie hatte einen guten Ruf und galt als anspruchsvolle Lehranstalt. Zwischen Studenten und ihren Professoren bestand eine vertrauensvolle, oft herzliche Verbundenheit, erinnerte man sich 50 Jahre nach der Hochschulgründung bei einem Treffen in Wuppertal und Duisburg.

Als Justin am 1.10.1934 seine Tätigkeit an der TH Danzig aufnahm, galt es, seine rund 50 Kollegen der verschiedenen Fakultäten kennen und einschätzen zu lernen. Viele von ihnen hatten das Manifest „Bekenntnis der Professoren an den deutschen Universitäten und Hochschulen zu Adolf Hitler und dem nationalsozialistischen Staat“ am 11.11.1933 auf einer Festveranstaltung in Leipzig unterschrieben.

Abb. 12: Ostpreußen und Danzig 1937

Unter den 900 Unterschriften fand sich auch die des Danziger Chemikers und späteren Nobelpreisträgers Adolf Butenandt. Auch Gustav Flügel hatte unterschrieben. Von 1924 bis 1945 war er ordentlicher Professor an der TH Danzig für das Fachgebiet Dampfturbinen, Strömungsphysik und Propeller und zugleich als Leiter des Institutes für Hydro- und Aerodynamik tätig. Der Chemiker Wilhelm Klemm (1896–1985) hatte in Breslau studiert und nahm den Ruf an die TH Danzig 1933 an, wo er deren Abteilung für anorganische Chemie bis 1945 leitete. In den Jahren 1944/45 war er Prorektor der Technischen Hochschule und organisierte deren Evakuierung aus Danzig. Da er Mitglied der NSDAP und förderndes Mitglied der SS war, hat mein Vater ihm misstraut, also auch der von ihm geleiteten Evakuierung, was sicher auch dazu beigetragen hat, dass meine Eltern sich gegen diese ausgesprochen haben und Danzig nicht verlassen wollten. Wilhelm Klemm war nach seiner Entnazifizierung zunächst ab 1947 in Kiel und seit 1951 bis zu seiner Emeritierung in Münster tätig, auch als Rektor der Universität. Er war mehrfacher Ehrendoktor und erhielt 1966 das Große Verdienstkreuz der Bundesrepublik Deutschland. Klemm starb am 24.10.1985. Sein Grab befindet sich auf dem Zentralfriedhof in Münster.

Auch der Danziger Architekt Otto Kloeppel hatte das Manifest unterschrieben. Er hatte das Grand Hotel in Zoppot entworfen, leitete von 1933–1935 die Renovierungsarbeiten an der Danziger Marienkirche und war Leiter der Danziger Denkmalschutzbehörde. Er scheint aber zum Bekanntenkreis meiner Eltern gehört zu haben, denn der Name ist mir sehr vertraut, obwohl Otto Kloeppel im Jahr 1938 in den Ruhestand trat. Da war ich gerade acht Jahre alt. Zu den Unterzeichnern gehörte auch der Mathematiker Friedrich Schilling, der 1904 Professor an der eben gegründeten TH Danzig wurde. Justin hatte ihn noch kennenlernen können. Der Name fiel bei Gesprächen der Eltern ebenso wie der von Klemm und Kloeppel.

Justin, der als Neuling in die Professorengilde der TH Danzig eingerückt war, lernte nach und nach seine neuen Kollegen kennen. Er war kein Parteigenosse und hatte kein reguläres Berufungsverfahren durchlaufen und wurde auch von seinen Kollegen kritisch unter die Lupe genommen. Zwar konnte er sie mit seinen Kenntnissen überzeugen, musste sich aber wegen seiner kritischen Einstellung zum Regime bedeckt halten, um nicht seine Existenz und die seiner Familie zu gefährden. Der Senat der Freien Stadt Danzig, der durchweg das nationalsozialistische Gedankengut pflegte, hätte womöglich lieber einen strammen Parteigenossen als Nachfolger von Prof. Wagner gehabt, was sie Justin spüren ließen. Die Ernennung zum Professor in Danzig erfolgte offenbar im Rahmen der Gleichschaltung und des gewünschten raschen Ausbaus der Kapazitäten für den militärischen Flugzeugbau. Den Professorentitel erhielt Justin im Wege einer außerordentlichen Professur, d. h. ohne Berufungsverfahren. Seit 1922 wurden alle hauptamtlichen Dozenturen an der Hochschule in außerordentliche Professuren umgewandelt.

Als mein Vater 1934 nach Danzig an die TH berufen wurde, errichtete man eine „Danziger Prüfstelle für Luftfahrzeuge". Zum ersten Leiter dieser Institution wurde Prof. Dr. Ing. Justin Kleinwächter ernannt, der zugleich Inhaber des Lehrstuhls für Luftfahrzeugbau an der TH Danzig war. Kleinwächter nahm diese Doppelfunktion bis zur Wiedereinführung des deutschen Luftfahrtrechts in Danzig im Oktober 1939 wahr. Bis dahin vergingen mehr als vier Jahre, in denen mein Vater zunächst zusätzlich zu seiner Lehrtätigkeit diese Kontrollaufgaben zu übernehmen hatte, die mit dem Flugverkehr am Danziger Flughafen zu tun hatten. Der Freistaat Danzig besaß mehr als 10 Jahre lang keine eigene Prüfstelle, die für die Verkehrssicherheit der Flugzeuge, für Nachprüfungen und ähnliches zuständig war. In der Luftverkehrsordnung von 1932 hieß es schlicht: „Bis zur Einrichtung einer besonderen Prüfstelle für die Verkehrssicherheit der Luftfahrzeuge werden die Zeugnisse der Prüfstellen anderer Staaten anerkannt, soweit sie den Forderungen des Pariser Luftverkehrsabkommens vom 13.10.1919 entsprechen."

An der Technischen Hochschule Danzig haben sich seit dem 3.7.1923 flugbegeisterte Studenten und andere Hochschulangehörige zu einer akademischen Fliegergruppe zusammengefunden, der Akaflieg Danzig e.V., die sich mit der Konstruktion, dem Bau und dem Fliegen von Segel- und Motorflugzeugen befasste. Einer der Gründer war Professor Otto Linau. Er hat die Dz 2 Libelle entwickelt und den „Wackeltopf", auf den man das Fluggerät setzen konnte. Der Flugschüler konnte so am Boden die Steuerung um drei Achsen erlernen. Der Wackeltopf war damit einer der frühen Flugsimulatoren.

Als mein Vater die Berufung nach Danzig erhielt, war die Akaflieg Danzig ein deutscher Verein. Polen waren nicht zugelassen und die nationalsozialistische Gleichschaltung hatte dort auch begonnen, denn die Danziger waren Deutsche. Ihre Sehnsucht war, „heim ins Reich" zu kommen. Das geschah allerdings erst 1939 nach dem Überfall auf Polen, der in Danzig begonnen hatte.

Justins Wohnungssuche war schließlich erfolgreich. Sie hatte ihn nach Oliva geführt, einem zwischen Danzig und Zoppot gelegenen Luftkurort. Die geräumige Wohnung lag im Hochparterre eines villenähnlichen Mehrfamilienhauses am Wächterberg 4.

Der Umzug nach Danzig-Oliva fand wohl im Januar 1935 statt. Justins Mutter Hede war dabei eine große Hilfe. Sie blieb einige Wochen in Oliva und half bei der Einrichtung der Wohnung mit, wo sie konnte und betreute liebevoll die drei Kinder Schließlich hatte alles seinen Platz gefunden. Am 9. Februar wurde ein Erinnerungsfoto gemacht, das als Grußkarte am 19.2.1939 an

Frau Hede Kleinwächter, Waldenburg, Hermannstr. 8

geschickt wurde, verbunden mit ganz herzlichem Dank und der Hoffnung, dass Mutter Hede sich von den Umzugsstrapazen schon wieder erholt habe. Justin sei, so heißt es weiter, heute nach Berlin gefahren und würde sich sicher von dort aus bei ihr melden.

Dieser regelmäßig stattfindende Rapport beim Berliner Luftfahrtministerium gehörte nun auch zu Justins Aufgaben. Was er dort zu tun hatte, darüber wurde anscheinend nicht gesprochen. Justin war, wie viele andere, offenbar Geheimnisträger und innerhalb der nationalsozialistischen Hierarchie dazu verpflichtet, der übergeordneten Dienststelle zu berichten. Am 9.3.1935 verkündete der Reichsminister für Luftfahrt, Hermann Göring, die Existenz einer durch den Versailler Vertrag offiziell verbotenen Luftwaffe. Görings Führung unterstand jetzt alles, was mit Luftfahrt im weitesten Sinne zu tun hat. Dadurch wurde auch das Flugtechnische Institut der TH Danzig-Langfuhr einbezogen und zu einem Puzzleteil des Aufbaus einer schlagkräftigen Luftwaffe. Da auf diese Ankündigung Görings massive Proteste aus dem Ausland ausblieben, führte das Deutsche Reich am 16.3.1935 die ebenfalls im Versailler Vertrag untersagte allgemeine Wehrpflicht wieder ein. Dieser Schritt war bereits seit 1933 geplant, aber jetzt ließ er sich durchführen.

Das Leben im Danziger Professorenhaushalt

Berufung und Lehrtätigkeit seit 1936

Im Jahr 1936 wurde Justin Kleinwächter vom Senat der Stadt Danzig zum außerordentlichen Professor ernannt; erst zwei Jahre nach seiner Berufung an die TH Danzig. Justin musste diese verzögerte Ernennung offenbar hinnehmen, wird sich aber einen Reim darauf gemacht haben. Das Dokument ist erhalten geblieben:

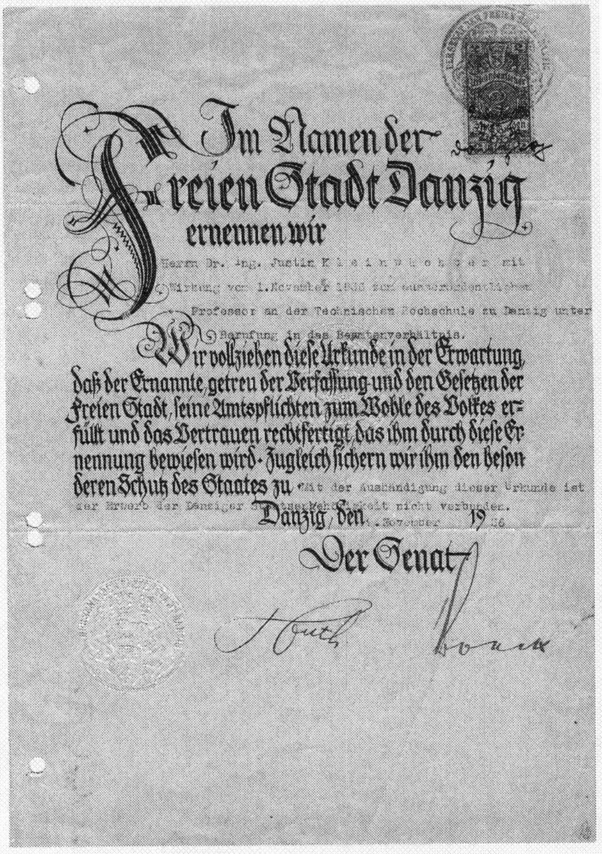

Im Namen der Freien Stadt Danzig ernennen wir Herrn Dr.-Ing. Justin K l e i n w ä c h t e r mit Wirkung vom 1. November 1936 zum außerordentlichen Professor an der Technischen Hochschule zu Danzig unter Berufung in das Beamtenverhältnis.

Wir vollziehen diese Urkunde in der Erwartung, daß der Ernannte, getreu der Verfassung und den Gesetzen der Freien Stadt, seine Amtspflichten zum Wohle des Volkes erfüllt und das Vertrauen rechtfertigt, das ihm durch diese Ernennung bewiesen wird. Zugleich sichern wir ihm den besonderen Schutz des Staates zu. Mit der Aushändigung dieser Urkunde ist der Erwerb der Danziger Staatsangehörigkeit nicht verbunden.

Danzig, den [illegible]. November 1936

Der Senat

Abb. 13: Ernennungsurkunde

Der Text lautet:

Im Namen der Freien Stadt Danzig ernennen wir Herrn Dr. Ing Justin Kleinwächter mit Wirkung vom 1. November 1936 zum außerordentlichen Professor an der Technischen Hochschule zu Danzig unter Berufung in das Beamtenverhältnis.

Wir vollziehen diese Urkunde in der Erwartung, daß der Ernannte, getreu der Verfassung und den Gestzen der Freien Stadt, seine Amtspflichten zum Wohle des Volkes erfüllt und das Vertrauen rechtfertigt, das ihm durch diese Ernennung bewiesen wird. Zugleich sichern wir ihm den besonderen Schutz des Staates zu.

Mit der Aushändigung dieser Urkunde ist der Erwerb der Danziger Staatsangehörigkeit nicht verbunden.
Danzig, den 9. November 1936, Der Senat (Unterschriften)

Auf der Rückseite der Urkunde befindet sich ein Nachtrag: „*Der ausserordentliche Professor Dr. Ing. Justin Kleinwächter ist mit Wirkung vom 1. November 1937 zum ordentlichen Professor an der Technischen Hochschule ernannt worden. Danzig, den 9. November 1937.*“ Am 9.11.1937 wird aus dem außerordentlichen ein ordentlicher Professor, dem auf diese Weise zwei Dienstjahre offiziell nicht anerkannt worden sind. Diese Entscheidung hatte später negative Auswirkungen auf die Pension, die meine Mutter aus den Berufsjahren ihres Mannes zu erwarten hatte. Sie war gezwungen, später wieder ihren Beruf als ausgebildete Gewerbeoberlehrerin aufzunehmen und unterrichtete noch 23 Jahre am Grevener Gymnasium die Fächer Handarbeiten und Sport für Mädchen. Durch den Lastenausgleich, aber auch durch das eigene Einkommen war sie finanziell in der Lage, als alleinstehende Frau in Greven in der Robert-Koch-Straße 12 ein Haus zu errichten, das für ihre Kinder und viele Verwandte vorübergehend oder dauerhaft Wohnung bot – nicht zuletzt für mich und meinen Mann Heinrich in unseren ersten Ehejahren.

Im Wintersemester 1937/38 hatte die TH Danzig wieder ein Verzeichnis der Fakultäten und Studiengänge herausgegeben. Unter den ordentlichen Professoren in der Abteilung für Schiffs- und Flugtechnik wird auch der ordentliche Professor für Luftfahrzeugbau Dr. Ing. Justin Kleinwächter genannt, mit Dienst-Telefonnummer, vollständiger Privat-Anschrift und Privat-Telefonnummer 45210.

Im Vorlesungsverzeichnis war das Folgende als Lehrinhalt vorgesehen:

o. Professor Dr.-Ing. Kleinwächter

1502	Flugzeugbau II	2	—	Di 10—12	104
1504	Seminar zu Flugzeugbau II	—	1	Fr 15—16	141
1506	Entwerfen von Flugzeugen	—	4		
1508	Elemente und Statik des Flugzeuges II	2	—	Fr 8—10	104
1510	Seminar zu 1508	—	2	Fr 16—18	141
1512	Statik der flugtechnischen Fachwerke	2	—	Mo 16—18	131
1513	Dynamik des Flugzeuges	1	—	Do 12—13	141
1514	Spezielle Kapitel aus der Flugzeugfestigkeit	1	—	Mi 10—11	101
256	Seminar für Mechanik (unentgeltl.), gemeinsam mit den Professoren Ackermann, Cranz, Fromm, Pohlhausen, Waltking	—	2	Mi 17—19	92

Abb. 14: Vorlesungen Prof. Kleinwächter im Wintersemester 1937/38 an der TH Danzig

Die ersten Jahre in Danzig bedeuteten für Justin Aufbauarbeit und Erweiterung des Instituts, intensive Beschäftigung mit den zu haltenden Vorlesungen und der Beobachtung der politischen Lage, dem sporadischen Rapport in Berlin und der Betreuung der Prüfstelle. Vermutlich hatte Prof. Kleinwächter lange Zeit das gute Gefühl, auf dem richtigen Weg zu sein. Er sah seine Arbeit als die eines Wissenschaftlers an, den die politische Entwicklung um ihn herum nichts anzugehen habe. Er war sich bewusst, dass er als Nichtparteigenosse vorsichtig sein musste, um nicht unnötige Aufmerksamkeit auf sich zu ziehen.

Das Flugtechnische Institut Danzig (FID)

Justins Hauptarbeitsfeld war das FID, das Flugtechnische Institut Danzig. Das Institut hatte zunächst noch beengte Raumverhältnisse, aber dann gelang es Justin offenbar Anfang 1939, in Danzig-Langfuhr, also in der Nähe des Flughafens, bessere Räume zu bekommen. Nun wurde das Institut in dem großzügig gestalteten Gebäude einer ehemaligen Freimaurerloge in der Eigenhausstraße 18 untergebracht. Denn seit 1933 war die Freimaurerei durch die Nationalsozialisten verboten worden. 1934 verfügte ein Runderlass von Hermann Göring die Auflösung der Logen, welche die Danziger Logen aber schon vollzogen hatten.

Die Übernahme des Gebäudes hatte wohl schon Prof. Herbert Wagner geplant. Er hatte 1927 einen Lehrauftrag für Luftfahrzeugbau an der TH Danzig erhalten, wurde 1928 zum außerordentlichen Professor ernannt und war mit der Leitung des entstehenden flugtechnischen Instituts betraut worden. 1930 wurde er auf den Lehrstuhl für Luftfahrtwesen der TH Berlin berufen. Sein Nachfolger an der TH Danzig wurde am 1.10.1934 Prof. Kleinwächter, für den das FID nun „sein Institut" wurde, das er weiter ausbauen wollte. Gern ließ er sich mit seinen Studenten auf der Eingangstreppe des Instituts abbilden.

Abb. 15: Prof. Kleinwächter mit seinen Studenten vor dem Flugtechnischen Institut Danzig

Hier, auf den Stufen des Instituts, ließ sich in den Jahren 1937/38 auch die Akaflieg Danzig ablichten, die in Prof. Kleinwächter einen begeisterten Unterstützer ihrer Sache gefunden hatte. Justin war gern auf dem Flugplatz in Langfuhr, nahm dort auch an der Taufe fertiggestellter Maschinen teil, wie hier in den Jahren 1937/38, wo es um eine „Lattenspritze" geht – die Einweihung eines funktionierenden Propellers, der das Fliegen erst möglich macht.

Abb. 16: Die Akaflieg Danzig 1937

Die Akademische Fliegergruppe (Akaflieg) der TH Danzig musste sich in der Zeit nach 1939 umbenennen in „Flugtechnische Fachgruppe an der TH Danzig". Die Akaflieg erlebte ihren Professor nicht nur auf dem Flugplatz als Zuschauer, sondern auch als aktiven Flieger und Teilnehmer an geselligen Veranstaltungen der Akaflieg, die oft mit Musik und Tanz verbunden waren, wenn die Frauen oder Freundinnen der Akaflieger eingeladen waren. Ein Akaflieger erinnert sich:

Fast regelmäßig wurden kleine Tanzabende im Wappensaal des Studentenhauses durchgeführt. Es ist überflüssig zu sagen, dass Prof. Kleinwächter mit Gattin nie fehlte.

Prof. Kleinwächters Vorlesungen waren klar und didaktisch gut aufgebaut, inhaltlich faszinierend, aber die Studenten waren gezwungen, so viel wie eben möglich mitzuschreiben. Die Herausgabe der Vorlesungen in gebundener Form war ein langersehnter Fortschritt. In der Zeitschrift „Flugsport", die Oskar Ursinus seit 1908 herausgab, wird immer wieder auf Prof. Justin Kleinwächter, sein Institut und seine Vorlesungen hingewiesen.

Auch die Ernennung zum außerordentlichen Professor wird in der Flugsport-Ausgabe des Jahres 1934, Nr.21, S. 465 erwähnt:

Was gibt es sonst Neues?
Dr. Ing. Kleinwächter ab 1.10.34 a. o. Professor auf dem Lehrstuhl für Luftfahrzeugbau der Technischen Hochschule Danzig.

In den folgenden Jahren wurde immer wieder auf die vom FID, Danzig-Langfuhr, Eigenhausstr. 18a, herausgegebenen Vorlesungen verwiesen. Sie wurden gelegentlich auch gewürdigt, etwa in einer Anzeige aus dem Jahr 1940, wo es heißt:

Aus den Vorlesungen sind die notwendigsten Grundlagen, welche für eine selbständige Weiterarbeit notwendig sind, übersichtlich gegliedert und ingenieurmäßig dargestellt, zusammengefaßt. Fluglehre 1.Teil: umfaßt die Kapitel Atmosphäre, Luftströmung und ihre Kraftwirkung, Profil und Polare, Profiltheorie, Theorie des Eindeckers. 2. Teil: Doppeldecker, Flugmotor, Luftschraube, Flugleistungen, statische Längsstabilität sowie praktische Umrechnungsmaße und Umrechnungstabellen.

1941 erschienen in der Zeitschrift „Flugsport" von Oskar Ursinus weitere Anzeigen der Schriften, die von dem FID herausgegeben wurden, so in Nr. 5/1941, S. 108:

FLUGTECHNISCHES INSTITUT DANZIG
DER TECHNISCHEN HOCHSCHULE
Schriften des Institutes:

Schrift 1: J. Kleinwächter, Vorlesungen über Flugzeugbau, Abschnitt I, Fluglehre, 1. Teil, 2. Auflage, Danzig 1940 (ca. 100 S. ca. 100 Abb.). Preis 10 RM

Schrift 2: desgl., Fluglehre, 2. Teil, Danzig, 1940 (ca. 100 S. ca. 100 Abb.). Preis 10 RM. Schrift 3: desgl., Abschnitt II, Entwerfen von Flugzeugen, Danzig 1941 (ca.130 S., ca 130 Abb.). Preis 13 RM. Format DIN A 4, Maschinenschrift, Offsetdruck. Zu beziehen durch Flugtechnisches Institut Danzig, Danzig-Langfuhr, Eigenhausstr. 18.

Die inhaltlich gleiche Anzeige taucht noch einmal auf in Nr. 10/1941, Bd. 33, S. 214 und Nr. 24/1941, Bd. 33, S. 447, diesmal in fast quadratischer Form, zusätzlich die Angabe „Postsch.-Konto Danzig 5188"; auf S. 475 findet sich noch eine inhaltlich gleiche Anzeige, diesmal mit dem Zusatz:

NEU! Schrift 4: desgl., Abschnitt III. Festigkeitslehre, 1. Teil Preis 10 RM, 141 S., 6 Umdrucke 2,80 RM.

Interessant ist die Angabe der Straße und Hausnummer bei allen Anzeigen: Eigenhausstr. 18, Danzig-Langfuhr. In Nr. 5 Bd. 33, S. 180 ist eine weitere Anzeige in Textform in der Literatur-Rubrik. Dort steht:

Literatur.
(Nachsteh. Bücher können, soweit im Inland erschienen, von uns bezogen werden.)
Vorlesungen über Flugzeugbau. *Schrift 3 von Dr.-Ing. Justin Kleinwächter, o. Prof. a. d. TH. Danzig, II. Abschnitt: Entwerfen von Flugzeugen, zu beziehen durch Flugtechnisches Institut Danzig, Danzig-Langfuhr, Eigenhausstr.18. Preis 13 RM.-Format DIN A4. Maschinenschrift, Offsetdruck.*
Eine ungemein praktische Fundgrube für Studierende und Kon-

strukteure. Für den Gesamtentwurf ist Aufgabenstellung, Reihenfolge beim Entwurf sowie für den Vorentwurf alles Notwendige, Gewichts-, Schwerpunkt-Ermittlung u. a. übersichtlich zusammengestellt. Im Kapitel Tragwerk ist Auswahl des Profils, Flügelstreckung, Flügelart, Vergleiche von Ein- und Doppeldecker, Flügelumriß, Flügelstellung, Straakplan (=Profilaufmaß) zusammengefaßt. Ferner findet man bei der aerodynamischen Berechnung des Tragwerkes alles Wissenswerte über Flügelpolare, Auftriebsverteilung u.a. Die Kapitel Leitwerk, Rumpf, Fahrwerk, Schwimmwerk, Triebwerk, geben überall erschöpfende Auskunft und lassen die Vorlesungen an der Technischen Hochschule Danzig miterleben.

Diese Schriften erfreuten sich schon unter der damaligen Studentenschaft größter Beliebtheit. Es hat auch überarbeitete Ausgaben gegeben, so wie die 1944 erschienene, die ein Nachdruck der von 1942 war. Die Bände sind nach wie vor in Online-Buchantiquariaten zu haben. Trotz kleiner Gebrauchsspuren gibt es offenbar immer noch Interessenten, die bereit sind, je Band ca. 50 Euro zu zahlen. Im Nachlass von Justin Kleinwächter im Deutschen Museum sind die gedruckten Vorlesungsmanuskripte vollständig vorhanden.

- 33 -

Die folgende Übersicht gibt die Daten üblicher Kaliber.

		Splitter-B.		Spreng-Bomben.							Minen-Bomben.							
Kaliber		10,5	12,5	22,5	25,0	50,0	100,0	135	235	250	270	300	400	500	700	900	1000	1800
England	l	781		454		946	1270	?	?	1828				2160				
	d	102	?	213	–	274	254			457	–	–	–	620	–	–	–	–
	G	10,8		22,5		52,8	104	113	235	250				500				
	G_s	1,8		11,5		12,7	63			82				?				
Frankreich	l	620				1510	1500					1720	2100		3050			3800
	d	89	?	–	–	200	300	–	–	–	–	320	410	–	420	–	–	530
	G	10				50	100					300	400		700			1800
	G_s	?				?	50					?	?		?			?
U.S.A.	l	767				1498		1408			1863			2151		3250		3900
	d	154	?	–	–	178	–	570	–	–	500	–	–	620	–	415	–	540
	G	113				55,3		129			284			507		906		1800
	G_s	?				?		?			?			?		?		1300

l = Länge [mm], d = Ø [mm], G = Gewicht [kg], G_s = Sprengstoffgewicht [kg]

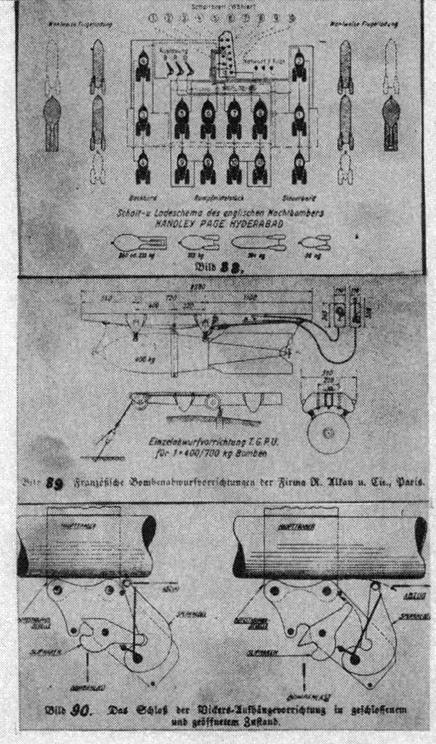

Bild 88.

Bild 89 Französische Bombenabwurfvorrichtungen der Firma A. Alkan u. Cie., Paris.

Bild 90. Das Schloß der Vickers-Aufhängevorrichtung in geschlossenem und geöffnetem Zustand.

Brandbomben wiegen 1,5 bis 2,o kg. Sie sind mit Ther= mit gefüllt (es besteht aus 76 Teilen Fe_2O_4 und 24 Teilen Al) und werden mit Zündkirsche gezündet. Die Unterbringung der Bom= ben im Flugzeug geschieht in Magazinen oder unter dem Rumpf bezw. unter den Flächen.Abb. 88 zeigt ein Ladeschema.
Die Aufhängung geschieht meist ähnlich wie in Abb. 89 mittels Bandage oder Öse a/n einem Schluß oder einer Klinke (Abb. 9o), die vom Schützen mechanisch pneumatisch oder elektrisch ausgelöst werden kann. Gewichte und Abmessungen der Vorrichtung von Abb. 89 ergeben sich aus der nach= folgenden Tabelle.

Abb. 17: Vorlesungsskript „Flugzeugausrüstung“ von 1941

Familienleben und Freundeskreis

Seit dem Umzug der Familie Kleinwächter nach Danzig-Oliva kamen immer wieder Verwandte zu Besuch, besonders gern in den Sommerferien. Der nahe Strand in Glettkau bot eine besondere „Sommerfrische“, und die malerische Umgebung Olivas ermöglichte erholsame Spaziergänge und Ausflüge. Im Sommer 1935 schien sich die ganze schlesische Verwandtschaft in Oliva eingefunden zu haben. Dazu gehörten die Großeltern Soremba mit ihren Töchtern Hannchen und Resel, Großvaters Bruder Hermann Soremba mit Frau und drei Kindern, die Großeltern Max und Hede Kleinwächter mit ihrem Sohn Hans. Sie waren im nahe gelegenen Kurhaus einquartiert oder hatten sich in einer freundlichen Pension eingemietet, von denen es viele gab, da Oliva ein beliebter Luftkurort war.

Abb. 18: Die Wohnung der Familie am Wächterberg 4 in Danzig-Oliva

Das Kurhaus lag an der Waldstraße und steht noch heute. Direkt daneben lag das Haus Am Wächterberg 4. Die Ausflüge nach Freudenthal waren bei uns Kindern beliebt. Auf dem malerischen Waldweg dorthin gab es immer viel zu entdecken. Höhepunkt des Ausflugs war dann oft die gemeinsame Kaffeetafel im Freien vor einer gemütlichen Gaststätte.

Im November 1935 freute sich die Familie über die Ankunft des vierten Kindes, das Johannes Andreas getauft wurde. Ein Jahr später, im Jahre 1936, war mein erster Schultag, der mit Spannung erwartet wurde. Meine Mutter erzählte ihrer Freundin Agi Franz, dass ich ein Schulgebet daheim vorgetragen hätte, das schon den neuen Zeitgeist transportierte. Es sei nicht leicht gewesen, den letzten Satz in Frage zu stellen, da er von der Lehrerin in der Schule eingeübt worden war:

Lieber Gott, mach mich fromm,
dass ich in den Himmel komm.
Heil Hitler.

Der schulische Gebetskanon wurde im Laufe der nächsten Zeit noch um Gebete wie dieses ergänzt:

Händchen falten, Köpfchen senken
und an unsern Führer denken,
der uns gibt das täglich Brot
und uns hilft aus aller Not.

Die nationalsozialistische Indoktrination hatte die Grundschule in Oliva erreicht, auch wenn es noch drei Jahre dauern sollte, ehe Danzig wieder zum Deutschen Reich gehörte.

Vater schien unentwegt mit Vorlesungen und Forschung beschäftigt zu sein. In dieser Zeit entstanden verschiedene wissenschaftlichen Schriften, darunter auch die genannten Vorlesungsskripte. Die Wirtschaft war auf die Forschungsarbeiten meines Vaters aufmerksam geworden und fragte nach immer neuen Bearbeitungen. Wie Vater daneben noch Zeit fand, die „Geschichte der Familie Kleinwächter“, die er als 17-jähriger Schüler begonnen hatte, noch einmal zu bearbeiten und zu ergänzen, hat mich immer gewundert. Tatsächlich hat er 1937 genealogische Unterlagen gesammelt, die zur Erstellung eines Ariernachweises erforderlich waren. Der Nachweis nichtjüdischer Herkunft wurde im „Gesetz zur Wiederherstellung des Berufsbeamtentums“ vom 7.4.1933 verpflichtend für Beamte und diente dazu, Juden von Positionen im Staatsdienst auszuschließen. Der Nachweis war zu erbringen durch Vorlage beglaubigter Heirats-, Geburts- oder Sterbeurkunden bis zur Großeltern-Generation. Durch die Nürnberger Gesetze von 1935 wurde dieser Nachweis für alle Bürger des Deutschen Reichs verpflichtend, was in vielen Familien den Anstoß zur Erforschung der eigenen Herkunft gab. Dr. Elisabeth Nerlich, eine Cousine meiner Mutter, hatte ebenfalls einen Ariernachweis zu erbringen. Die Zusammenarbeit mit ihr war für meinen Vater sehr hilfreich. Elisabeth Nerlich war meine sehr geschätzte Patentante. 1941 hat sich Justin Kleinwächter erneut mit der Familiengeschichte befasst und plante, sie umbinden zu lassen, da er die ersten 17 Seiten noch einmal abgeschrieben hatte; diesmal aber in exakter, schön geschriebener Frakturdruckschrift. Die Initialen waren liebevoll gestaltet. Es gab aber auch viele leere Seiten. Anlässlich der Geburt und Taufe meines Bruders Michael am 23.2.1939 hatte er ein besonders schön gestaltetes Schmuckblatt eingefügt, so wie er es bereits zum Geburtstag meines Bruders Peter in die Abschrift der ersten Seiten eingefügt hatte. Das dicke Buch, in dem die Geschichte der Familie Kleinwächter dreimal neu begonnen wurde, zeigt, dass durchgehendes Arbeiten an ihr aus Zeitgründen nicht möglich war.

Zu Christof Justins Geburt am 15.9.1941 hatte Justin sich noch einmal mit der Chronik beschäftigt und eine dritte, erweiterte Abschrift erstellt mit einer neuen Nummerierung und einer künstlerisch gestalteten Schmuckseite zu Ehren des Neuankömmlings, seines fünften Sohnes und siebten Kindes. Für alle Söhne finden sich in diesem Buch solche Schmuckblätter. Ob mein Vater noch vorhatte, auch die Mädchen in dieser Chronik zu würdigen? Zum Umbinden des Buches und zu weiteren Einträgen hatte Justin offenbar später nicht mehr die Gelegenheit. Die Zeiten hatten sich durch das Fortschreiten des Krieges so dramatisch verändert, dass es zu einer Fortsetzung der Chronik nicht mehr kam. Vaters hinterlassenes Chronikfragment ist seit Mutters Tod in meinem Besitz und wird wie ein Familienheiligtum gehütet.

Am 23. Februar A.D. 1939 gebar in Danzig mein geliebtes Weib Maria geb. Soremba unſer ſechſtes Kind, unſeren vierten Sohn. Wir geben ihm die Namen

Michael Max Ludwig,

den erſten Namen nach ſeinem Urahn Michael Kleinwächter (* 1648 + 1735), den zweiten nach ſeinem Großvater Max Kleinwächter, den dritten nach ſeinem Urgroßvater Ludwig Nowak.

Oliva, im März 1939.

Protege nos St. Michael!

Abb. 19: Von Justin Kleinwächter gestaltetes Schmuckblatt zur Geburt seines Sohnes Michael

Das Leben in der immer größer werdenden Familie war turbulent. Meine Mutter liebte es, ihren inzwischen kinderreichen, gastlichen Haushalt zu führen. Sie wurde dabei von einem Kinderfräulein unterstützt, das sich vor allem um das Wohl der Kinderschar zu kümmern hatte. Ein Hausmädchen hielt die große Wohnung reinlich und gepflegt und gehörte zur Familie. Da immer irgendein Geburtstag zu feiern war und Gäste zu Abendgesellschaften kamen, merkten wir Kinder nicht, dass wir unseren Vater immer seltener sahen, weil ihn die Arbeit, wegen der er viel unterwegs oder im Institut eingespannt war, sehr beanspruchte. Ich erinnere mich, dass er gewöhnlich in der Institutsmittagspause schnell mit der Straßenbahn nach Oliva fuhr, um mit uns zu Mittag zu essen. Reihum wurden wir Kinder dann befragt, was wir an diesem Tag bereits erlebt hätten. Durcheinanderreden war unerwünscht, schlechtes Benehmen bei Tisch geradezu verpönt. Ich hatte den Eindruck, dass mein Vater streng mit uns Kindern umging, aber dann wieder alles tat, um uns glücklich zu machen.

Ich erinnere mich an ein Weihnachtsfest, an dem die Brüder eine Eisenbahnanlage bekamen, die quer durch die drei vorderen Zimmer aufgebaut worden war. Beleuchtete Stellwerke aus Sperrholz hatten große Fensterscheiben aus Pergamentpapier, bunt gemalte Sperrholzhäuser reihten sich entlang der Schienen. Ob das selbstgebaut war oder von Studenten als Bastelarbeit angefertigt wurde, blieb ein Geheimnis. Vater spielte sehr gut Klavier und begleitete uns beim Singen. Unsere Kinderfräulein mussten musikalisch sein, möglichst Klavier spielen können, damit sie unsere Kinderlieder begleiten konnten. Wir Kinder lebten in unserer eigenen Welt, die Eltern in ihrer. Wir hatten unsere Freunde, die im gleichen Haus wohnten, die Eltern pflegten einen Freundeskreis, der gelegentlich in den Abendstunden auftauchte, wenn wir Kinder längst in unseren Betten lagen. Politische und zeitgeschichtliche Gespräche wurden nie im Beisein von Kindern geführt. Als ich nach Langfuhr zu einer Jungmädelgruppe fahren sollte, um dem äußeren Anschein nationalsozialistischer Gesinnung gerecht zu werden, ließ ich mich schnell krankschreiben, um nicht teilnehmen zu müssen. Da es in der Schule keinen Religionsunterricht gab, wurde er außerhalb in den Räumen der Kurie abgehalten. Wir katholischen Mädchen besuchten diese Gruppenstunden gern, denn wir gewannen dadurch neue Freundinnen und das, was uns damals wichtig schien – die Sicherheit im Glauben.

Religiosität spielte eine große Rolle in unserer Familie. Justin

Kleinwächter war bekennender Katholik und präsentierte sich offen. Der sonntägliche Gang zur Olivaer Kathedrale mit Frau und Kinderschar war jedes Mal eine Demonstration: Vater und Mutter nebeneinander, davor wir Kinder mit dem Kindermädchen, aufgereiht wie bei einer Prozession. Sobald wir die Kathedrale erreichten, durchquerte die Familie geschlossen längs das Kirchenschiff bis ganz nach vorn, wo wir rechts im Chorgestühl direkt am Altarraum unsere Plätze hatten. Ich kann mich nicht erinnern, je in der Kirche anders als dort gesessen zu haben. Das Privileg dieses Platzes war durch die Freundschaft mit dem dort residierenden Klerus entstanden.

Weihnachten 1937 waren wir schon fünf Kinder: Johannes wurde 1935 geboren, Maria-Agnes 1936. Am 23.2.1939 kam Michael zur Welt, ein halbes Jahr bevor der Zweite Weltkrieg bei uns in Danzig begann.

Als Justin an die TH nach Danzig berufen wurde, rechnete er damit, von nun an dort sein Leben dauerhaft und ruhig gestalten zu können. Wichtig war ihm, hier auch einen Freundeskreis aufzubauen. Innerhalb der Professorenschaft musste erst einmal vorsichtig sondiert werden, welche Weltanschauung die Herren vertraten. Erste Kontakte wurden auch zu Ärzten gesucht, die immer wieder einmal, sowohl bei Erkrankungen der Kinder oder der Erwachsenen, herangezogen wurden. Zu ihnen gehörten der Zahnarzt Dr. Moersheim aus Zoppot und Dr. Roschkowski, der Kinderarzt aus Danzig.

Da Justin Kleinwächter überzeugter Katholik war, lernte er den Klerus der Olivaer Kathedrale sehr schnell kennen und dieser wurde Teil seines Freundeskreises. Als der Zoppoter Carl Maria Splett 1938 zum Bischof von Danzig berufen wurde, verband ihn mit diesem bald eine enge Freundschaft. Anlässlich der Erklärung zum Freistaat war in Danzig ein neues Bistum eingerichtet worden, dessen Sitz in Oliva war. Der Vorgänger von Splett, Eduard Graf O'Rourke, geriet nach 1933 rasch in Gegensatz zu den deutschen Behörden und erklärte deshalb 1938 seinen Rücktritt. Zunächst sollte daraufhin ein polnischer Bischof ernannt werden, was die nationalsozialistische Regierung des Freistaats aber nicht zuließ. So fiel die Wahl auf Carl Maria Splett, Sohn einer angesehenen Danziger katholischen Familie, der exzellent Polnisch sprach. Er bemühte sich, trotz des politischen Drucks auf das katholische Vereinsleben Freiräume für seine Kirche zu erhalten. Bekannt wurde sein in deutscher und polnischer Sprache verfasster Hirtenbrief von 1939, in dem er vom brutalen und gnadenlosen Kampf der Machthaber gegen alles, was christlich ist, schrieb. Trotzdem konnte er es nicht verhindern, dass deutsche und polnische Geistliche seines Bistums inhaftiert und in einzelnen Fällen auch umgebracht worden sind. Er versuchte nach Kräften, die Maßnahmen der politischen Machthaber zu neutralisieren. 1946 ist er in Polen als Kriegsverbrecher verurteilt worden und saß bis 1956 in Einzelhaft.

Meinem Vater hat diese kämpferische Haltung des Bischofs imponiert, aber er hat auch das Scheitern kennengelernt und miterlebt, dass eine aufrechte Glaubenshaltung viel Mut erfordert. Dass beide Männer Freunde wurden, wundert mich nicht. Die Freundschaft, die sich zwischen ihm und meinem Vater entwickelte, beruhte auf gegenseitiger Wertschätzung und Anerkennung der persönlichen Haltung in der schwierigen Zeit des Nationalsozialismus. Die Frage nach dem Sinn des Lebens, nach dem offenen Bekennen der eigenen Haltung und Eintreten für die richtige Sache und die Schwierigkeit, dadurch nicht andere Menschen, die einem lieb und teuer sind, ins Verderben zu stürzen – das muss wohl immer wieder angesprochen worden sein. Splett war der Auffassung, dass man das sinkende Schiff nicht vorzeitig verlassen dürfe. Er trug Verantwortung für sein Bistum, in dem viele dachten wie er. Zu diesen gehörte mit voller Überzeugung auch mein Vater, der in Bischof Splett einen Halt gefunden haben mag, vielleicht auch eine Entscheidungshilfe. Er und Pfarrer Behrendt waren häufig Gast bei meinen Eltern. Als ich zur Erstkommunion ging, schenkte mir Bischof Splett einen zierlichen Rosenkranz, den ich seither immer bei mir trug, bis er sich eines Tages aufgelöst hatte, so wie viele Kindheitserinnerungen, die durch die Geschehnisse in den Jahren 1944/45 überdeckt worden sind.

Die Kriegsjahre

Kriegsbeginn in Danzig

Die Aufrüstung hatte auf allen Gebieten begonnen. Die Wehrpflicht war eingeführt worden und betraf die Jahrgänge ab 1914. Justin, der 1901 geboren worden war, gehörte zu den sogenannten „Weißen Jahrgängen". So nannte man nach dem Ersten Weltkrieg in Deutschland die Jahrgänge 1901 bis 1913, da es zu Zeiten der Reichswehr von 1919 bis 1935 keine Wehrpflicht gab. Diese Männer waren für den Militärdienst im alten Heer bzw. der Marine bis 1918 zu jung, für den Wehrdienst in der Friedens-Wehrmacht bis 1939 bereits zu alt. Sie wurden allerdings ab 1934 zu einer Kurzausbildung einberufen. Im Juli 1939 wurde auch Prof. Kleinwächter zu einer solchen Übung eingezogen. Diese Einberufung von Danziger Beamten war ein eindeutiger Verstoß gegen den vom Völkerbund beschlossenen Status der Stadt. Damals war Justin knapp 33 Jahre alt und sah das Ganze wohl mehr als ein Abenteuer an, von dem dann viel später Ernst Rasmussen, einer seiner Diplomanden, meiner Mutter einen kurzen Bericht gegeben hatte. Er schrieb:

Ich bin sicher, dass Justin Ihnen erzählt hat, wie er, Eugen Güttler und ich im Juli 1939 gemeinsam eingezogen wurden, mit Flußdampfern über das Frische Haff nach Pillau und weiter zur Flakschule Brüsterort gebracht wurden. Von dort kehrten wir dann nach einigen Wochen auf dem gleichen Wege zurück und gingen in Weichselmünde in Stellung, wo wir den Kriegsausbruch und die Beschießung der Westerplatte durch die „Schleswig-Holstein" ganz aus der Nähe miterlebten. Von Brüsterort ist mir noch erinnerlich, wie schwer es mir fiel, nachdem wir nicht lange zuvor die Diplom-Hauptprüfung abgelegt hatten, nun plötzlich statt des respektvollen „Herr Professor" ganz einfach „Justin" und „du" zu sagen.

Uns Heutigen sagen die Namen dieser Orte nicht mehr so viel. Pillau war eine kleine alte Festungs- und Hafenstadt mit 5000 Einwohnern am Frischen Haff und seit 1933 Heimathafen einer Minensuchflotte. Zu Kriegsbeginn kam ein Seefliegerhorst hinzu und später eine U-Boot-Lehrdivision. Bekannt wurde Pillau besonders dadurch, dass es einer der letzten Häfen war, von denen aus ab Januar 1945 die Menschen aus Ostpreußen über die Ostsee mit Schiffen Richtung Westen fliehen konnten. Viele Spitzenschiffe der Passagierschifffahrt wie z. B. das Kraft-durch-Freude-Schiff Robert Ley wurden hier für einen Pendelverkehr von Osten nach Westen eingesetzt. Brüsterort lag 50 Kilometer nordwestlich von Königsberg an der äußersten nordwestlichen Festlandsspitze von Samland in Ostpreußen. Dort befand sich ein großer Flak-Schießplatz und ein Einsatzhafen der Luftwaffe. Ab 1941 waren hier auch verschiedene Flugzeugführerschulen untergebracht, unter anderem die 5. und 6. Jagdstaffel sowie die 4. Stukastaffel der II. Gruppe des Trägergeschwaders 186. Ob die Wehrdienstler von all diesen Entwicklungen etwas erfahren haben, weiß ich nicht. Alles, was mit der Fliegerei und der Flugabwehr zu tun hatte, wird für die jungen Männer interessant und spannend gewesen sein.

Bedenken werden ihnen jedoch gekommen sein, als ihre Einheit in die Festungsanlage Weichselmünde, nordöstlich von Danzig, verlegt wurde. Denn diese schon zur Zeit des Deutschen Ordens im 14. Jahrhundert errichtete Festung diente dem Schutz der Weichselmündung bei Neufahrwasser und wurde immer wieder hart umkämpft und belagert – 1807 von Napoleon, 1814 von den Preußen. Später versandete der Meerzugang, so dass der Schutz der Weichselmündung auf die preußischen Befestigungen auf der Westerplatte überging. Die Westerplatte ist eine flache Halbinsel zwischen Ostsee und Hafenkanal. Seit 1830 gab es dort ein kleines Ostseebad mit Kurhaus und von 1924 bis 1939 ein polnisches Munitionslager mit polnischer Wachmannschaft, deren Größe vom Völkerbund auf rund 90 Mann festgesetzt worden war. Weichselmünde, wo Justins Lehreinheit stationiert wurde, lag auf dem östlichen Weichselufer. Bekannt wurde dieses Munitionslager, das inzwischen von der polnischen Seite mit stärkeren Verteidigungstruppen ausgestattet worden war, weil genau hier der Zweite Weltkrieg begann. Die polnische

Besatzung hatte den Auftrag, im Falle eines deutschen Angriffs die Stellung zwölf Stunden lang zu halten. Nachdem Hitler am 23.8.1939 den Nichtangriffspakt mit der Sowjetunion geschlossen hatte, fingierte er am Morgen des 1. September einen polnischen Überfall auf den Sender Gleiweitz und Grenzverletzungen und gab dann den Befehl zum Angriff auf Polen. Schon fünf Tage vorher war das schwerbewaffnete Linienschiff Schleswig-Holstein in den Danziger Hafenkanal eingelaufen, um ein besseres Schussfeld auf die Westerplatte zu haben. Mit der ersten Salve auf das Munitionsdepot begann der Zweite Weltkrieg. Bis zum 7. September war die Westerplatte umkämpft, wobei auch die deutsche Luftwaffe zum Einsatz kam.

Abb. 20: Justin Kleinwächter in Wehrmachtsuniform 1939

In wieweit die Wehrübung, an der Professor Kleinwächter mit seinen beiden Diplomanden von der TH Danzig teilnehmen musste, in einen Einsatz in den ersten Kriegstagen mündete, weiß ich nicht. In der Familie wurde davon erzählt, dass Vater nach dem Polenfeldzug, der bereits am 27. September nach der Einnahme von Warschau mit einem Waffenstillstand endete, vom weiteren Einsatz in der Wehrmacht wegen Unabkömmlichkeit freigestellt wurde. Die „UK-Stellung“ musste im Reichsverteidigungsinteresse liegen und umfasste kriegswichtige Tätigkeiten. Damals fielen unter diesen Unabkömmlichkeitsstatus Facharbeiter, Bergleute, Landwirte, Ingenieure, Wissenschaftler und Männer in anderen Berufsgruppen. Die Bestimmungen dafür wurden durch das Oberkommando der Wehrmacht vom November 1940 in Einzelheiten geregelt. Das von Justin Kleinwächter vertretene Fach Luftfahrzeugbau fiel offensichtlich unter diese Regelungen.

Innerhalb von drei Wochen zwangen die deutschen Truppen Polen in die Knie, wobei die Luftüberlegenheit die entscheidende Rolle spielte, aber auch der Einsatz schneller und beweglicher Panzerkolonnen. Die Überlegenheit der deutschen Wehrmacht schien so extrem, dass Frankreich und England zunächst von einem Kriegseintritt zurückschreckten und „mourir pour Danzig“ (Sterben für Danzig) aus französischer Sicht keine Option schien. Der Blitzkrieg im Westen war dann noch spektakulärer als der gegen Polen. Doch das Blatt wendete sich, als Hitler 1941 den Angriff auf die Sowjetunion befahl und den Luftkrieg gegen Großbritannien begann. Dieser wurde zum Fiasko, weil die Widerstandskraft und die Luftwaffe Großbritanniens erheblich unterschätzt worden waren. Am Ende des Jahres 1941 erklärte Hitler auch den Vereinigten Staaten den Krieg. Ende 1942 wurde immer deutlicher, dass Deutschland diesen Krieg nicht gewinnen konnte – zum Symbol dafür wurde die Kapitulation der Sechsten Armee in Stalingrad im Februar 1943. Ab Mai 1943 begannen die Alliierten mit dem Dauerbombardement deutscher Städte. Im Juni 1944 landeten sie in der Normandie.

Am 5.9.1942 war Mutters Bruder Heinz an der Ostfront gefallen. Er war Dr. Chem., 33 Jahre jung, erst seit wenigen Jahren verheiratet mit Irmgard Herweg, die nach dem Tod ihres Mannes einige Wochen bei uns in Oliva lebte. Kinder hatte sie nicht. In Berlin hatte sie Tanz und Rhythmische Gymnastik erlernt und ausgeübt und war evangelisch, was ihr das Leben im Kreis ihrer neuen streng-katholischen Verwandtschaft nicht einfach gemacht hatte. Die gemeinsame Trauer um einen geliebten Menschen, der durch den unseligen Krieg so plötzlich und sinnlos aus dem Leben gerissen worden war, glich dann doch vorhandene Differenzen aus.

In der Ecke unseres Esszimmers in Oliva hing ein kleiner Volksempfänger: Ein Radio, über das mit Fanfarenmusik jeder Sieg verkündet wurde, aber auch Nachrichten über Bombenangriffe in Westdeutschland, Propagandareden von Josef Goebbels, der zum Durchhalten aufrief. Das NS-Kampflied „... *wir werden weitermarschieren, bis alles in Scherben fällt, denn heute gehört uns Deutschland und morgen die ganze Welt*" hatte einen schalen Beigeschmack, wenn man den Text mit der aktuellen Kriegslage verglich. Die Luftangriffe durch die britische Royal Air Force in der Nacht und die der amerikanischen Luftwaffe am Tage zerstörten Städte in Deutschland, verursachten Hunderttausende von zivilen Opfern und sollten die deutsche Bevölkerung demoralisieren, um ein Ende des Krieges zu erzwingen. Trotzdem ging das Leben der Familie Kleinwächter scheinbar ungestört weiter.

Abb. 21: Porträtskizze Justin Kleinwächter 1942

Vater hatte eine Landkarte auf eine Papptafel geklebt. Täglich zeichnete er mit Stecknadeln den Frontverlauf ein. Je länger der Krieg andauerte, umso näher rückte die Front auf Danzig zu. Vater musste immer noch nach Berlin zum Rapport, bekam ständig neue Aufträge vom Ministerium und Anfragen von Firmen, die mit Flugzeugbau zu tun hatten. 1942 durften Peter und ich zusammen mit den Großeltern Soremba einen Teil der Sommerferien in Verlorenwasser verbringen. Im Sommer 1942 schien unsere kleine Kinderwelt noch in Ordnung zu sein. Von Vaters Aufgaben und Tätigkeiten haben wir Kinder kaum etwas erfahren. Der Kunstmaler Pollok, der meine Mutter in einem Ölgemälde portraitiert hatte, wurde beauftragt, nun auch von Vater eine erste Portraitskizze anzufertigen. Das tat er 1942. Zu einer Ausführung in Ölfarben ist es dann aber nicht mehr gekommen.

Am 20. Januar 1943 schrieb Mutter an ihre Freundin Agi Franz:

> *Peter, Matthias und Ria sind an Gelbsucht erkrankt und Michael hat Masern. Es ist das reinste Lazarett bei uns. Wie habt ihr die Luftangriffe auf Berlin überstanden?... Hans Kleinwächter liegt auch an vorderster Front, lässt nichts von sich hören. Justin ist am 8.1. in Berlin gewesen (Schlafwagen hin und zurück), hatte den ganzen Tag reichlich zu tun mit Verhandlungen im Ministerium, einer Feier im Haus der Flieger zu Görings Geburtstag, Besichtigung einer Ausstellung von Beuteflugzeugen. Er mußte nach seiner Rückkehr sofort wieder ins Institut.*

Am 21. Februar 1943 schrieb Justin an seine Eltern in Waldenburg:

> *Gestern kam von Hans ein Brief aus Siedlce, wo er mit Gelbsucht im Reserve-Lazarett liegt „eine wunderschöne Krankheit nach den derzeitigen Vorkommnissen an den russischen Fronten". Ein Glück für ihn! Gelübde: „Hans soll nach dem Krieg hier Mathe und Physik studieren ..."*

Im Sommer 1943 verbrachten wir Kinder die Sommerferien in Wiesenthal in der Nähe von Karthaus. Karthaus liegt in der Kaschubei, dem südwestlichen Hinterland von Oliva. Beim Rumtoben auf dem Heuboden eines Bauernhauses, in dem wir untergebracht waren, zog ich mir einen Knöchelbruch des linken Fußgelenks zu und musste einen Teil der Sommerferien in Karthaus im Krankenhaus verbringen.

Das erwähnte Vater am 30.7.1943 in einem Brief an seine Eltern:

War in der vergangenen Woche drei Tage in Berlin, endlose Verhandlungen im Ministerium, wohnte bei Kühnels in Spandau, habe Agi nicht gesehen, die an der See ist. Bin gestern aus Thorn zurückgekommen, wo ich als Staatskommissar für die Ingenieurschule für Luftfahrttechnik zwei Tage lang die Abschlußprüfungen abzuhalten hatte. Das ist auch so eine Nebenbeschäftigung, die Zeit frißt.– In der nächsten Woche will ich für 10 Tage nach Wiesental fahren und etwas ausspannen. Ich habe es wirklich sehr nötig.- Maria freut sich, daß ich komme. Die arme Liesel hat ja wirklich Pech gehabt. Aber jetzt ist ihre Leidenszeit vorbei. Anfang nächster Woche wird ihr Bein in Gips gelegt und dann kann sie aufstehen. Mit so einem Beinkorsett kann sie auch laufen. Bei der großen Hitze im Bett liegen zu müssen, gehört bestimmt nicht zu den Annehmlichkeiten des Lebens.

Abb. 22: Familie Kleinwächter 1943 in Danzig-Oliva (v.l.n.r.: Johannes, Maria-Agnes, Mutter Maria, Elisabeth, Michael, Vater Justin, Christof, Peter, Matthias)

Am 21.8.1943 ist diese Aufnahme im Vorgarten des Hauses Am Wächterberg 4 entstanden. Vater macht einen angestrengten Eindruck, Mutter strahlt inmitten ihrer sieben Kinder. Sie wirkt ausgeglichen und zufrieden, trotz der kriegsbedingten Unsicherheit, die zunehmend von der Bevölkerung wahrgenommen wird. Noch war in Danzig, anders als im Westen des Reiches, nicht viel vom Krieg zu spüren, der nun schon fünf Jahre andauerte.

Am 30.8.1943 ließ sich Vater eine neue Postausweiskarte ausstellen. Sie war bis zum 29.8.1946 gültig. Noch wusste niemand von uns, dass Vater dann bereits seit einem Jahr tot war und Mutter mit uns Kindern, nach Flucht und Vertreibung, in Greven/Westfalen gelandet sein würde.

Dann machte sich der Krieg doch bemerkbar. Bei einem Luftangriff am 9.10.1943, den die US Army-Airforce mit 378 Maschinen flog, kam es zu schweren Zerstörungen der Innenstadt von Danzig durch die Bomben, die eigentlich dem Focke-Wulf-Werk in Königsdorf bei Marienburg gegolten hatten. Am 19.10.1943 schrieb Justin eine Postkarte an seinen Schwager Edgar, den Pfarrer von St. Peter und Paul in Oppeln, und dessen Schwester Hanne:

Meine Besten, hier ein Gruß aus Reval, wo ich nach 36-std. Fahrt eintrudelte. Die Unterbringung und Verpflegung ist erstklassig----Ich bleibe hier noch drei Tage und hoffe, am Sonnabend nachts wieder zu Haus zu sein.

Reval (heute Tallinn) war 1941 von der deutschen Wehrmacht besetzt worden, woraufhin ein großer Teil der dort lebenden jüdischen Bevölkerung in die Vernichtungslager deportiert wurde. Was Justin dort zu tun hatte, geht aus seiner Korrespondenz nicht hervor, erst recht nicht, was er über die Vorgänge in Estland wusste. Vater wird wohl auch hier als Staatskommissar tätig gewesen sein. Ab 1933 wurden Beauftragte der nationalsozialistischen Führung als Staatskommissare eingesetzt, die alle strategischen Stellen entweder übernehmen oder überwachen sollten. Anscheinend wurde mein Vater in dieser Funktion eingesetzt, wenn Prüfungen an Hochschulen anstanden. Das ist schon erstaunlich, da mein Vater wegen seiner kritischen

Einstellung zum Regime bekannt war. Es scheint mir heute so, als habe er gutgläubig mitgemacht, da ihm die Abnahme von Ingenieurprüfungen nicht sittenwidrig erschien. Auf den Fotos, die erhalten geblieben sind, scheint mein Vater aber in den Kriegsjahren schnell gealtert zu sein. Gut möglich, dass er sich in einer schwierigen Rolle erlebte. Er war kein Nazi und sah sich dennoch immer wieder als deren Handlanger. Er muss überzeugt gewesen sein, nichts Unrechtes zu tun, wenn er alle ihm übertragenen Aufgaben im Bereich des Flugzeugbaus, bei der Endkontrolle reparierter Flugzeuge oder bei Diplomprüfungen an Hochschulen korrekt erfüllte. Er opponierte nicht offen, weil er für seine Familie Verantwortung trug. Ich denke, dass er hin- und hergerissen war, wenn ihm Vorfälle zu Ohren gekommen sind, die er nicht gutheißen konnte. Was seine Aufgaben in Reval waren, lässt sich nur vermuten.

In der Karnevalszeit 1944, die bei uns Fasching genannt wurde, fand ein vergnügtes Fest statt. Gäste und Kinder fanden sich zum Feiern bei uns am Wächterberg ein, aufs Schönste verkleidet. Wir Kinder durften unsere Freunde einladen, das Ehepaar Moersheim nahm teil, eine Freundin meiner Mutter und unser Kinderfräulein Anni Lorenz, die sich um unsere Kostüme gekümmert hatte. Das alles sieht aus, als gäbe es keinen Krieg, keine Probleme, keine Sorgen.

Abb. 23: Faschingsfeier Februar 1944

Vergnüglich liest sich eine Postkarte, in flüssigem Latein geschrieben, die Justin am 23.2.1944 an seine Frau schickte, die ein paar Tage in Oppeln verbrachte. Er erzählt von einem Huhn, das Probleme hatte, sein Ei loszuwerden, was aber dann, nach gewissen Manipulationen von Anni und Liesel, gelungen sei, und erfreulicherweise habe das Huhn überlebt. Solche Beispiele für den Versuch, den Krieg auszublenden, habe ich immer wieder in den Nachlassunterlagen gefunden.

Auf dem Spielhof hinter dem Haus haben wir damals ein paar Hühner gehalten. Auf den Lebensmittelkarten waren die Rationen so klein, dass immer wieder nach Zusatznahrung ausgeschaut werden musste. Die Freude war groß, als ein Student aus Norwegen ein kleines Fass eingelegter Salzheringe mitgebracht hatte, die Mutter zwischendurch zu Heringshäckerle verarbeitete, das den mageren Speiseplan erweiterte. Ich erinnere mich, dass es gelegentlich einen Schnitzelersatz zu essen gab, der aus panierten Scheiben gekochten Kuheuters bestand, was zumindest einem Schnitzel täuschend ähnlich sah. Im Hof wurden auch zwei Kaninchen gehalten, die eines Tages ein Festessen ergeben würden, was wir Kinder entsetzt ablehnten, da wir uns mit den Kaninchen angefreundet hatten, während wir sie mit allerlei Grünzeug versorgten.

Am 16.5.1944 besuchte Justin seine Eltern in Waldenburg. Sein Vater Max feierte seinen 70. Geburtstag zusammen mit vielen Gästen aus seinem Freundeskreis. Justin hielt an diesem Festtag eine liebevolle, den Jubilar würdigende Rede. Er ahnte nicht, dass dies sein letzter Besuch in Waldenburg sein würde und dass er seine Eltern nie mehr wiedersehen würde.

Am 9.7.1944 schrieb mein Vater an seinen Bruder Hans, der mit seiner Einheit im Startgebiet der V1 stand und dort womöglich schon Luftangriffen ausgesetzt war, dass es in Oliva sehr heiß sei, ein Sommer, in dem man am liebsten nur am Strand von Glettkau liegen möchte:

Der Krieg ist ja allmählich auf den Höhepunkt gekommen und die Vergeltungswaffen werden das Ende schnell herbeiführen. Das Sommer-Semester ist bald zuende, ich muß aber noch wei-

tere 2 Wochen anfügen, indem ich nach Riga fahren muß, wo ich an der TH noch zwei Wochen lang Vorlesungen über Mathematik und Flugzeugbau halten muß. Ich soll nächsten Sonnabend schon fahren. Aber jetzt sind ja da oben bereits allerhand Dinge im Gange, die die Veranstaltung noch im letzten Augenblick vereiteln könnten.

In dem Brief berichtet er von den groß gewordenen Kindern, und dass Liesel so groß sei wie er (!), und dass er immer größere Aufträge auf sehr wichtigen Entwicklungsgebieten vom Reichs-Luftfahrtministerium bekomme und dass er sogar einen eigenen Personalchef erhalten habe, da sein Institut immer größer werde und er ungefähr den Generaldirektor darstelle mit 100 Unterschriften am Tag. Außerdem, dass die Eltern Kleinwächter aus Waldenburg planten, mit den Eltern Soremba im Sommer nach Verlorenwasser zu fahren und dass Olaf von einem Unfall wieder ganz genesen sei und der Beendigung seines Kurses bei der Polizei entgegen sehe.

Dieser Brief spiegelt eine geradezu unglaubliche Normalität, so als sei der Kriegshintergrund eine Art Unwetter, das vorübergehen würde, sobald die Wunderwaffe V1 eingesetzt würde. Ob der Besuch in Riga stattgefunden hat, ist nicht bekannt, aber während der „Baltischen Operation", wie die Schlacht zwischen den Verbänden der Roten Armee und denen der Wehrmacht genannt wurde, die vom 14. September bis zum 24. November andauerte, geriet das gesamte Baltikum in sowjetische Hand.

In Riga, der Hauptstadt Lettlands, gab es seit 1861 eine Technische Hochschule. Von 1941–1944 war Riga von deutschen Truppen besetzt. In der TH Riga wurde in der Zeit weitergearbeitet, aber es fehlten inzwischen viele Lehrende, so dass Justin von Danzig aus dorthin zur Unterstützung beordert wurde.

Justin schrieb am 23. September an seinen Bruder Hans, der sich aus Frankreich mit seiner Einheit absetzen konnte und jetzt im Reich eine Stellung bezogen hatte:

Vom Luftkrieg ist Danzig bisher verschont geblieben, bis auf einige Flieger, die versuchten, die Bucht zu verminen. Michael ist schon seit einigen Wochen in Oppeln bei Hanne und Edgar. Christoph ist jetzt 3 Jahre alt und ein munteres Kerlchen.

Er schrieb, dass er von Olaf lange nichts mehr gehört habe und dass sein Vater in Waldenburg über allerlei Beschwerden des Alters und die schlechte Ernährung klage, dass von den Spandauer Kühnels ein Geburtstagsbrief gekommen sei, in dem sie schreiben, dass sie wegen der Fliegerangriffe völlig mit den Nerven fertig seien. Weiter heißt es:

Gestern kam ich aus Thorn, wo ich an der Ingenieursschule meine letzten Amtshandlungen vorgenommen habe. Sie brechen jetzt dort ihr Zelte ab und siedeln ins Altreich um. ... Wir halten hier die Stellung.

Am 2.10.1944 schrieb Justin nach Oppeln an Edgar und Hanne:

Am 1.10. wurde die 10-jährige Professur „gefeiert": „Wenn ich bedenke, mit welchen Kenntnissen ich damals hier nach Danzig in mein neues Amt kam und was ich in den 10 Jahren alles gearbeitet und zugelernt habe, so muß ich mich tatsächlich selber wundern. Damals war ich sozusagen ein völlig unbeschriebenes Blatt und heute gelte ich auf Grund meiner in der ganzen Welt verbreiteten Vorlesungen und vielen Zeitschriftenveröffentlichungen doch schon immerhin etwas.... Nächsten Sonnabend haben wir beide unseren 15. Hochzeitstag ... – Kpl. Doberschütz ist gefallen!

Mit den sowjetischen Offensiven vom Herbst und Winter 1943 war die gesamte Ostfront ins Wanken gekommen. Die Heeresgruppe Nord war bis an die Grenzen des Baltikums zurückgedrängt worden. Die Heeresgruppe Mitte wurde in mehreren Kesseln um Minsk fast vernichtet. Gleichzeitig begannen die Westalliierten von der Normandie aus vorzurücken. Dennoch gab es bis Mitte Oktober 1944 keine weiteren Luftangriffe auf Danzig. Rund um Danzig waren aber Schippkolonnen im Einsatz, die Hindernisse anlegten, um den Vormarsch der Russen zu erschweren. Mein Vater schrieb am 17.10.1944 an seinen Bruder Hans:

Wie gut, dass du nicht mehr an der Front in Holland bist, sondern friedlich Kartoffeln buddelst, was dir sicher nach deinem langen Wanderleben gut tut. Olaf arbeitet in Neumünster als Polizei-Leutnant und Versorgungsoffizier und ist dort mit der Rekrutenausbildung befasst, sicher ein angenehmerer Posten als der in Serbien. An der TH dürfen nur noch die Examenssemester fertig studieren, die anderen werden nicht mehr zugelassen. –Ich bin sehr überarbeitet, habe seit drei Jahren keine Ferien mehr gehabt und merke die Überanstrengung immer mehr.

Es war sicher diese Lust, sich mit immer neuen Herausforderungen auseinanderzusetzen, die meinen Vater zu dem gemacht haben, der er war. Wenn ich an meinen Vater denke, sehe ich einen Mann vor mir, der seine Arbeit und die damit verbundenen Herausforderungen annahm, weil sie getan sein mussten. Dabei war er von einer mich heute zutiefst rührenden, unerschütterlichen Glaubensgewissheit, dass das Gute letztlich siegen würde. Er lebte eine Religiosität gegen jede Vernunft, in der Hoffnung, dass, egal was geschieht, alles irgendwie gut ausgehen werde. Noch ahnte er nichts von dem Schicksal, das ihn erwartete, das alle seine Vorstellungen und Gewissheiten ad absurdum führen würde.

Am 1.11.1944 schrieb Justin seiner Frau, die sich ein paar Tage in Oppeln bei ihren Geschwistern Edgar und Hanne aufhielt. Edgar war Pfarrer in der Gemeinde Peter und Paul, seine Schwester lebte bei ihm als Hausdame in dem großen Haus, in dem auch zwei Kapläne und eine Haushälterin wohnten. Fast immer waren auch Gäste zu Besuch da. Diesmal durfte mein Bruder Michael (6 Jahre) ein paar Wochen dort verbringen, und jetzt wollte meine Mutter ihn wieder abholen. Vater meldete stolz, dass für die kommenden Wintermonate gesorgt sei, denn der Kartoffelbauer habe genügend „Futter“ gebracht. Die Ostfront habe sich etwas stabilisiert, aber Kaplan Gödecke, ein Freund des Hauses, sei gefallen. Er selber arbeite unentwegt am Schreibtisch und müsse nicht mehr jeden Tag nach

Danzig zum Institut fahren. Das Hausmädchen Ursula bekoche ihn und die Kinder gut.

Am 20.11.1944 schrieb Justin wieder seinem Bruder Hans:

Augenblicklich schreibe ich wieder ein neues Buch über Flugzeugdynamik, nach dem schon in der Industrie seit Jahren angefragt wird, Das kann ich aber nur so nebenbei machen, da ich jetzt hauptsächlich mit meinem laufenden Institutsbetrieb beschäftigt bin. Da zwei Diplomingenieure eingezogen worden sind, muss ich einen Teil ihrer Arbeit jetzt noch zusätzlich allein machen, insbesondere die Verwaltung.

Justin gratulierte den Eltern am 30.11.1944 zu deren Silberhochzeit am 4.12.1944 und bedauerte, nicht dabei sein zu können. Es bliebe ihm einfach keine Zeit dafür. Traurig verbrachten Max Kleinwächter und seine Frau Hedwig ihren Ehrentag ohne ihre Söhne, denn auch Olaf und Hans konnten nicht teilnehmen, was von allen bedauert wurde. Bisher wurden Familienfeste im großen Kreis begangen, was die Verhältnisse aber nicht mehr zuließen.

Am 21.12.1944 schrieb mein Vater an seinen Schwager Edgar und dankte dafür, dass seine Schwägerin Hanne einen vorweihnachtlichen Blitzbesuch in Oliva machen konnte. Nachdenklich äußerte er sich über Sinnfragen des Lebens, erwähnte, dass er dabei sei, sein Latein aufzufrischen und selbst überrascht sei, wie gut das noch ginge. Ich erinnere mich, dass mein Vater lateinische Schriften von Thomas von Aquin auf seinem Nachttisch liegen hatte. Wenn Freunde zu Besuch kamen, zu denen auch Carl Maria Splett, der Bischof von Danzig, gehörte, unterhielt man sich gern auf Lateinisch. Möglicherweise wollte man so sichergehen, dass freimütige Stellungnahmen zur aktuellen Lage vom Hauspersonal nicht verstanden werden konnten. Wörtlich heißt es in dem Brief:

Was ich hier so alles erlebe, davon wird dir Hanne berichten. In unserer Stellung, wo wir weithin im Scheinwerferlicht stehen, ist es eben schwieriger, als bei anderen Menschen. Ich könnte jetzt schon recht lesenswerte Memoiren schreiben.

Da mein Vater ein starker Raucher war, dankte er besonders für Tabak-Punkte und eine besondere Zigarettenzuwendung. Ich erinnere mich, dass er ein Tabakbeet anlegte, als der Vorgarten der Stadtvilla am Wächterberg 4 in Kleinstparzellen für die Mieter des Hauses aufgeteilt werden musste, um eine gewisse Selbstversorgung mit Grünzeug zu ermöglichen, eine Aktion, die vom Blockwart überwacht wurde. Vater zog ein paar Tabakpflanzen in einer kleinen Ecke heran. Als ihm die Blätter groß genug schienen, wurden sie sorgfältig abgetrennt, auf eine Schnur gezogen und auf dem Balkon zum Trocknen aufgehängt. Die trockenen Blätter sollten anschließend fein geschnitten werden, um sie als Machorka in die Pfeife zu stopfen, also als Stopftabak, aus dem die Russen ihre Papirossi drehten. Ob es dazu wirklich noch gekommen ist, weiß ich nicht mehr.

Russischer Vormarsch

Das Jahr 1945 begann für uns alle in Danzig mit besorgter Erwartung. Die Verdunkelung der Fenster schaffte eine düstere Stimmung in den Räumen. Vater schrieb am 4.1.1945 an seinen Bruder Hans, berichtete von den Weihnachtstagen in der Familie, die deshalb in guter Erinnerung seien, weil es genügend zu essen gegeben habe. Die Kinder hätten ein Krippenspiel aufgeführt und alle seien froh, dass Hans nicht mehr an der Ostfront steht, sondern im Hinterland im Einsatz sei.

Ich habe schon befürchtet, daß Du in der neuen großen Offensive drinsteckst ... Olaf hat sich in Neumünster gut eingerichtet. Seine Ansichten sind seiner Stellung angemessen. Die Versorgungssituation ist noch erträglich, nur mit der Heizung wird es im Winter schwierig werden. Zu Weihnachten ist es sehr kalt gewesen, hoher Schnee, aber jetzt ist alles weggetaut. In Gotenhafen hat es ziemlich schlimme Luftangriffe gegeben. Hoffentlich bleibt unser schönes Danzig verschont wie bisher ... Dass ich sehr viel zu arbeiten habe, ist richtig, aber eigentlich macht mir das Freude, denn man wird dadurch stark von der Not der

Zeit abgelenkt und hat keine Zeit, nachzudenken. Und das ist schließlich das Beste. Vorläufig geht es mir ja immer noch gut.

Am 12.1.1945 – acht Tage nachdem Justin diesen Brief verfasst hatte – rollten russische Panzer in Ostpreußen ein, und die panikartige Flucht der 2,5 Millionen Ostpreußen, 1,9 Millionen Ostpommern und 4,7 Millionen Schlesier begann in ungeordneten Trecks, denn die Evakuierung war bei Todesstrafe verboten worden. Fluchtvorbereitungen galten als Sabotage, solange das NS-Regime noch bestand. Nun rollten die überladenen Wagen auf eisglatten Straßen Richtung Westen, auf die Weichselübergänge bei Marienburg und Dirschau zu. Der letzte Bahntransport von Ostpreußen nach Breslau kam am 18. Januar durch. Durch das Vorrücken der russischen Truppen nach Pommern war Danzig auf dem Landweg vom Reich abgeschnitten.

14 Tage später telegraphiert Vater an Edgar und Hanne in Oppeln, dass der Eilzugverkehr eingestellt sei. Ein nochmaliger Besuch sei nicht möglich. Am 21.1.1945 gab Vater einen Brief an seinen Bruder Hans einem Reisenden nach Berlin mit und schrieb:

Wir haben noch Gelegenheit, diesen Brief nach Berlin mitzugeben, denn mit der Post scheint es hier schon aus zu sein ... Wir haben uns entschlossen, hier zu bleiben ... Hanne und Edgar bleiben da ... Aus Schlesien haben wir keine Post mehr bekommen ... Ich gehöre hier als alter Krieger zur 2.Welle des Volkssturmes und werde nicht auswärts eingesetzt. Mit Luftangriffen haben wir bis jetzt nichts zu tun.

(Nachsatz von Maria:) In den nächsten Tagen gehen noch einige Züge raus, aber da ich nicht weiß wo ich hingehen soll, bleibe ich hier. Wie mag es den lb. [lieben] Eltern in Waldenburg gehen? Von meinen Breslauer Eltern haben wir auch leider keine Nachricht.

(Nachsatz von Liesel): Lieber Hans! Einen herzlichen Gruß sendet Dir Deine Elisabeth

Inzwischen erlebten die Flüchtlinge aus Ostpreußen die hasserfüllte Wut der Roten Armee und versuchten verzweifelt, sich über das zugefrorene Frische Haff von Königsberg nach Danzig durchzuschlagen, gejagt von Tieffliegern, bedroht von Bomben und dem brechenden Eis. Anfang Februar gab es kein deutsches Ostpreußen mehr. Der Weg der verzweifelt Flüchtenden führte nun über Pommern und Westpreußen. Denn von Danzig und Gotenhafen gingen noch rettende Schiffe ab. Gut eine Million Menschen versuchten so in den letzten Kriegsmonaten über die Ostsee den Westen zu erreichen. Die Kriegsmarine transportiert insgesamt 250.000 Menschen, davon 21.500 aus Danzig, 58.200 aus Gotenhafen.

Von dort lief auch die „Wilhelm Gustloff" aus und wurde am 30.1.45 mit etwa 10.000 Flüchtlingen an Bord kurz nach 21 Uhr, rund 60 km vor der pommerschen Küste von einem sowjetischen U-Boot versenkt, dessen Kapitän annahm, dass es sich um ein Transportschiff der Kriegsmarine handelte, das Truppen von der Ostfront in den Westen bringen sollte. Tatsächlich war die „Wilhelm Gustloff" als Lazarett- und Flüchtlingsschiff im Einsatz, allerdings bewaffnet und mit militärischer Besatzung. Am 31.1.1945 schrieb Vater noch einmal an seine Eltern in Waldenburg:

Ich schreibe Euch noch schnell diese Nachricht, da in einer Stunde Bekannte sie aufs Schiff mitnehmen können, das heute mit 8000 Flüchtlingen von Danzig abgeht. Alles um uns herum ist auf der Flucht, die Hochschule ist geschlossen und fast alle Professoren, die früher so stolz und mutig geredet haben, haben sich davon gemacht. Wir aber bleiben hier. Es wäre auch ganz unmöglich, mit 7 Kindern in ein völlig ungewisses Schicksal hineinzufahren und in überfüllten zertrümmerten Städten um das Gnadenbrot zu betteln oder zu erfrieren. Hier werden alle wehrfähigen Männer eingezogen, um nachher die Festung Danzig zu verteidigen, und ich warte auch täglich auf meinen Gestellungsbefehl. – Hier liegt der Schnee ½ m hoch.- Im Luftschutzkeller ist alles vorbereitet.

(Nachsatz Maria:) Große Sorge um alles. – Wahrscheinlich letzter Brief, der hoffentlich noch durchkommt.

Tatsächlich kam der Brief in Waldenburg am 12.2.1945 an. Inzwischen waren Tausende aus Ostpreußen geflohen. Erst als die russischen Panzer schon an den Ortsgrenzen auftauchten, machten sich die Menschen panisch auf die Flucht. Die Wagen standen schon oft fertiggepackt vor den Häusern. Da der Landweg bereits abgeschnitten war, versuchten die meisten Flüchtlinge, Richtung Ostsee zu entkommen in der Hoffnung, dort noch von Schiffen aufgenommen zu werden.

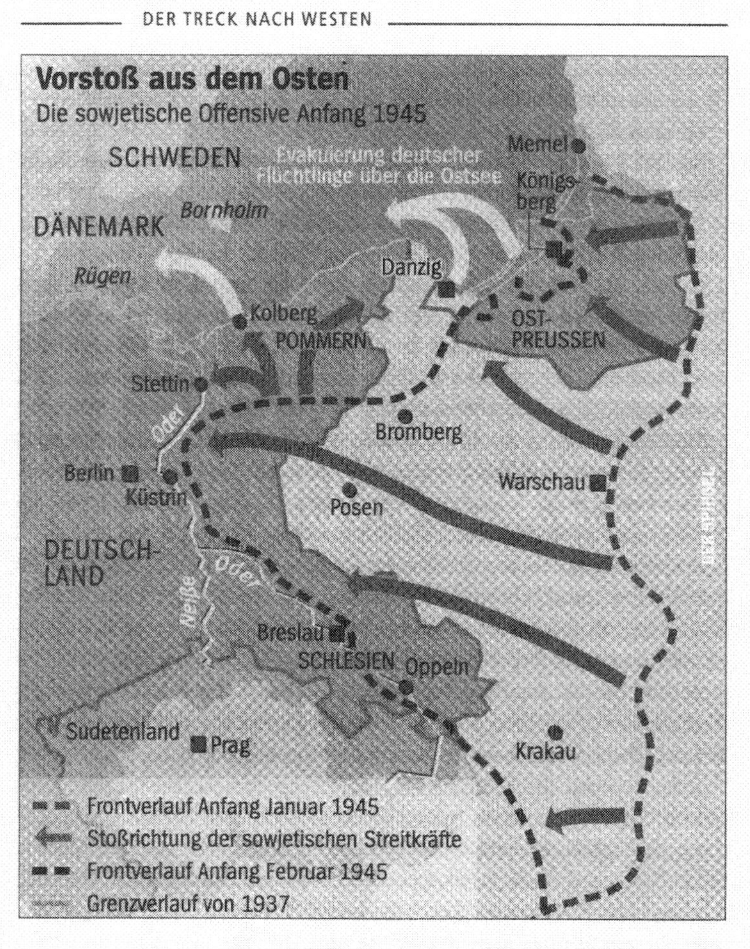

Abb. 24: Russischer Vormarsch Anfang 1945

Unzählige versuchten, über Danzig noch westwärts ziehen zu können. Ganze Dorfgemeinschaften hatten sich zusammengetan, ihr notwendigstes Hab und Gut auf Pferdewagen gepackt, hatten Haus und Hof verlassen und waren westwärts geflohen. Viele waren dabei über das zugefrorene Haff gezogen, waren dort Tieffliegern ausgeliefert, viele waren dabei umgekommen. Die meisten hatten gehofft, sich in Danzig neu sammeln zu können, sich von den erlittenen Strapazen etwas zu erholen, um dann weiter Richtung Westen zu trecken.

An einem Morgen standen die Straße am Wächterberg und die Freifläche an der Evangelischen Kirche voller Pferdewagen, die mit gerettetem Bettzeug, gefüllten Säcken und mit Menschen hoch beladen waren. Einige von ihnen standen jetzt draußen in der Kälte herum, blaugefroren – und schon klingelte es an der Haustür. „Einquartierung", hieß es, „jeder Haushalt muss eine Familie von den Treckleuten aufnehmen, die sich aufwärmen und ausruhen müssen." Daran kann ich mich noch erinnern, dass unser großes Zimmer, das hinter dem Balkon lag und in dem Vater immer wieder einmal auf dem Klavier Kompositionen von Chopin gespielt hatte, einer ostpreußischen Familie zugewiesen wurde. Vorsorglich war der Teppich zur Seite gerollt worden, der den Linoleumboden bedeckte, damit er nicht unter den vermummten Gestalten zu Schaden kam. „Was macht ihr noch hier?", fragte mich der alte Bauer, der fassungslos war, dass meine Eltern mit ihren sieben Kindern immer noch da waren. „Warum seid ihr noch nicht weg?" Kopfschüttelnd hörte er sich meine Erklärung an, dass wir bleiben wollten. Was uns erwarten würde, sei fürchterlich, und sie selbst hätten es mit Mühe und Not bisher überlebt und wollten auf jeden Fall weiterziehen; nur weg, weit weg. Diese Treckfamilie blieb genau eine Nacht bei uns. Schon am nächsten Tag machten sie sich mit ihren Wagen wieder auf den Weg und räumten das Gelände, das sie vorher besetzt hatten und das schnell wieder von anderen Trecks in Beschlag genommen wurde. Auch wir bekamen wechselnde Einquartierung.

Aus der Entfernung versuche ich heute, ein Dreivierteljahrhundert zurückzublicken, versuche mich in die Lage meiner Eltern zu versetzen. Sie waren sich wohl so sicher, dass ihnen nichts passieren würde. Warum auch? Sie hatten kein schlechtes Gewissen, hatten sich nicht an Gräueltaten beteiligt, hatten als gute Christen gelebt, vertrauten auf die Hilfe Gottes. Sie waren so etwas wie Gutmenschen, würde man heute sagen: Vater lebte für seine Wissenschaft, hatte sich nicht in nationalsozialistischen Denkweisen verfangen, sondern als Wissenschaftler gedacht und gehandelt. Er rechnete fest damit, dass der Krieg über ihn und seine Familie hinwegrollen würde und danach würde eine hellere Zukunft neue Chancen bieten. Da war sicher eine gehörige Portion Naivität dabei, die annahm, dass nicht sein könne, was an Schauergeschichten erzählt wurde. Gute Freunde wollten auch bleiben, er würde nicht allein sein. Seine Frau Maria war an seiner Seite und hoffte, dass sie mit all den anderen Menschen, die Oliva nicht verlassen hatten, irgendwie überleben würde. Im Westen kannte man niemanden. Verwandtschaft und Freunde waren Schlesier oder Westpreußen.

Meine Mutter und die anderen Mieter, die noch dageblieben waren, hatten Vorräte im Luftschutzkeller verstaut. Jede Hausgruppe hatte einen bestimmten Platz im Keller einzunehmen, wenn es Fliegeralarm gab. Alle, die geblieben waren, versuchten, so normal wie möglich weiterzuleben. Die Kellerräume waren notdürftig mit Stützbalken gegen Einsturz gesichert. Wir Kinder schliefen seit Anfang Januar angezogen in unseren Betten, neben uns eine Tasche mit den nötigsten Utensilien. Wenn die Sirenen losheulten, musste es blitzschnell gehen, um den Platz im Luftschutzkeller zu erreichen.

Vaters Notizkalender

Mein Vater benutzte einen winzigen Taschenkalender, in den er Bleistiftnotizen machte, die heute wie ein Schlüsselloch wirken, durch das man etwas vom damaligen Leben erspähen kann. Der winzige Kalender ist ein verzweifeltes Spiegelbild des Überlebenswillens meines Vaters. Nachdem ich dieses Büchlein seitenweise kopiert und vergrößert hatte und mich an dessen Entzifferung heranwagte, lernte ich meinen Vater auf eine Art kennen, die mich tief erschütterte, zumal er bisher der bewunderte, großartige, in allen Dingen des Lebens vorbildliche Vater gewesen war. Es gab nichts, was ich an ihm nicht geschätzt und geliebt hatte. Der kleine Notizkalender enthüllte nun einen ganz auf sich und seine prekäre Existenz zurückgeworfenen Menschen, der einen ungeheuren Überlebenswillen und ein unerschütterliches Gottvertrauen hatte, der noch an Zukunftsvisionen glaubte, als seine Physis bereits durch die Erlebnisse der letzten viereinhalb Monate seines Lebens völlig zermürbt war.

Der Taschenkalender meines Vaters ist gleich auf der Innenseite des Deckels mit dem Stempel versehen „*Professor Dr. Ing. J. Kleinwächter, Danzig-Oliva, Am Wächterberg 4, Ruf 45210*“. Schon der Spruch auf dem Deckblatt mit der Jahreszahl 1945 lässt die Ungewissheit ahnen, mit der er das neue Jahr begrüßt hatte, einem Mantra ähnlich, das ihm wegweisend zur Seite stehen sollte.

Ad te, Deus, clamavi, non confundar in aeternum!
Christus heri et hodie, ipse in aeternum!
Cum Deo! 1945

(Dich, Gott, habe ich angefleht, dass ich in Ewigkeit nicht zuschanden werde. Christus gestern und heute und derselbe ewiglich. Mit Gott!)

Geradezu unschuldig führt das nächste Kalenderblatt alle Monate des neuen Jahres vor. Noch hatte mein Vater nicht die geringste Ahnung, dass er nur noch sieben Monate und 13 Tage davon erleben würde.

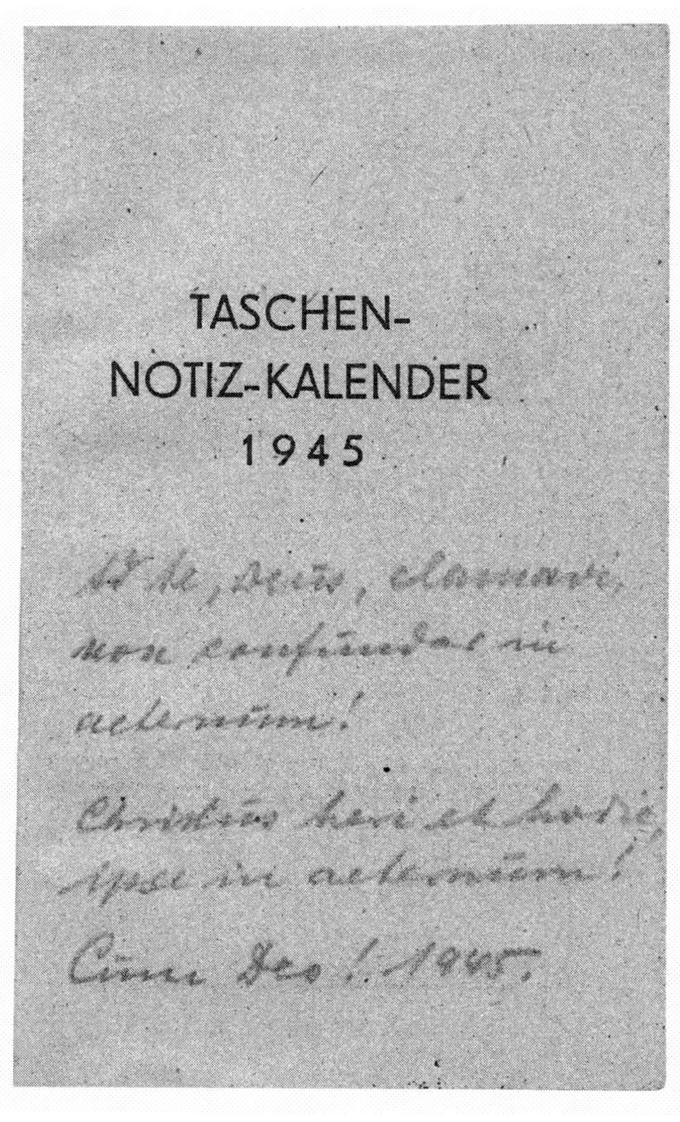

Abb. 25: Deckblatt von Justin Kleinwächters Taschenkalender

Januar/Februar 1945: Die Massenflucht fängt an

Die Einträge in der ersten Januarwoche – die Wochen beginnen im Kalender immer sonntags – drehen sich um eine Mittelohrentzündung, die meinem Vater schwer zu schaffen machte. Da heißt es

Dienstag 2.1. *Habe im linken Ohr eine sehr schmerzhafte Entzündung.*
Donnerstag 4.1. *Gehe wegen meiner Ohrentzündung zu Dr. Weiß. Habe nachts sehr große Schmerzen.*
Freitag 5.1. *Beim Arzt*
Sonnabend 6.1. *Beim Arzt*

Auf den folgenden Seiten geht es fast banal weiter:

Montag 8.1. *Abends bei Beyers zum Skat. Viel Schnee, aber nicht sehr kalt.*
Dienstag 9.1. *Mein Ohr wieder besser.*
Mittwoch 10.1. *Bei Federau zum Skat.*
Freitag 12.1. *Mein Ohr wieder schlechter.*
Sonntag 14.1. *Sonntagsdienst*
Dienstag 16.1. *Immer noch starke Ohrenschmerzen.*
Mittwoch 17.1. *Vergebl. Versuch, nach Berlin zu fahren, da keine Züge gehen.*
Donnerstag 18:1. *Züge nach Breslau nehmen keine Zivilisten mehr mit.*
Freitag 19.1. *Große Unruhe in Danzig wegen des russischen Durchbruchs. Straßenbahnen fahren nur früh und abends. Skat bei mir: Grümmert und Federau. Bei Dr. Weiß wegen Ohr.*
Sonnabend 20.1. *Wilde Gerüchte und Angst. Abds bei uns Exz. und Dr. Moersheims. Kein elektrisches Licht mehr.*

Mit Exzellenz ist der bereits erwähnte Bischof Carl Maria Splett gemeint, der fast gleichaltrig mit meinem Vater war. Im Freundeskreis wurde er höflich, aber augenzwinkernd mit Exzellenz angeredet. Vielleicht hatte man sich auch geduzt, sicher aber oft und gern zusammen geredet, Skat gespielt und sich Mut zugesprochen, denn keiner von ihnen ahnte, was das Jahr 1945 noch bringen würde. Zum Freundeskreis gehörte auch das Ehepaar Dr. Moersheim aus Zoppot. Man besuchte sich, trank zusammen Kaffee, spielte Skat, wenn es sich ergab und versuchte, in immer schwieriger werdenden Zeiten so viel Normalität wie möglich um sich herum zu verbreiten.

Dass die Familie Kleinwächter sieben Kinder im Alter zwischen vierzehn und drei Jahren hatte, dass ein Kinderfräulein Anni L. und Ursula, ein polnisches Hausmädchen, zum Haushalt gehörten, wird in den Kalendernotizen und auch in den Briefen nicht besonders erwähnt. Wenn die Eltern sich in Zoppot bei Moersheims trafen, verließen sie sich darauf, dass die beiden jungen Frauen schon aufpassen würden. Ich erinnere mich, dass wir Kinder neben dem Bett einen kleinen Rucksack oder Koffer stehen hatten, der Unterwäsche, Strümpfe und eine Garnitur Oberbekleidung enthielt. Bei Fliegeralarm sprangen wir aus dem Bett, zogen uns schnell an, packten das Notgepäck und liefen so schnell es ging in den Luftschutzkeller. Da Danzig bisher von den Luftangriffen weitgehend verschont geblieben war, die im Reich Verwüstungen angerichtet hatten, waren Kampfgeschwader am Himmel eher ein Schauspiel, als dass man sich fürchtete.

Das sollte aber anders werden, als die sowjetische Luftwaffe die Angriffe aufnahm. Immer häufiger kam es vor, dass Flugzeuge so niedrig einflogen und dabei aus allen Rohren schossen, dass der Schulunterricht ab Januar 1945 ausfallen musste. Auch das Gymnasium, das ich in Oliva besuchte, wurde nun geschlossen und zum Lazarett umfunktioniert. Ich erinnere mich noch an einen Schulweg, als ich mich vor Schreck in einen Splittergraben werfen musste, der entlang der Straße ausgehoben worden war: Ein Flugzeug schien direkt auf mich zu zu jagen. Zu Hause wurden wir Kinder angehalten, von den Fenstern wegzubleiben, die schon an mehreren Stellen Durchschüsse hatten. Da, wo die Scheiben schon durch Dachpappe ersetzt waren, hatten sie viele kleine Löcher. Nach der Entwarnung rannten wir oft schnell in den Vorgarten, um nach Munitionsresten zu suchen oder nach Stanniolpapierstreifen, die von angreifenden Flugzeugen abgeworfen wurden, um die Flak zu irritieren. Es war Winter, und der Schnee schien höher zu liegen als sonst. Skifahren war nicht möglich, da alle Skier in einer Winterhilfsaktion den Soldaten gespendet werden mussten, auch die Kinderskier, die meine Brüder Peter, Matthias und ich vor zwei Jahren zu Weihnachten geschenkt bekommen hatten. „Danzig hat sieben Winter", hieß es, denn oft taute die weiße Pracht auch schnell wieder weg.

In diesem Winter 1944/45 war es durchweg sehr kalt. Das Haff war zugefroren, und wir Kinder hörten entsetzt davon, dass Tausende von Ostpreußenflüchtlingen versuchten, über das zugefrorene Haff mit Pferd und Wagen Danzig zu erreichen, denn die Frontlinie war eingebrochen und Ostpreußen zu einem Teil schon überrannt worden. In Vaters Notizkalender steht:

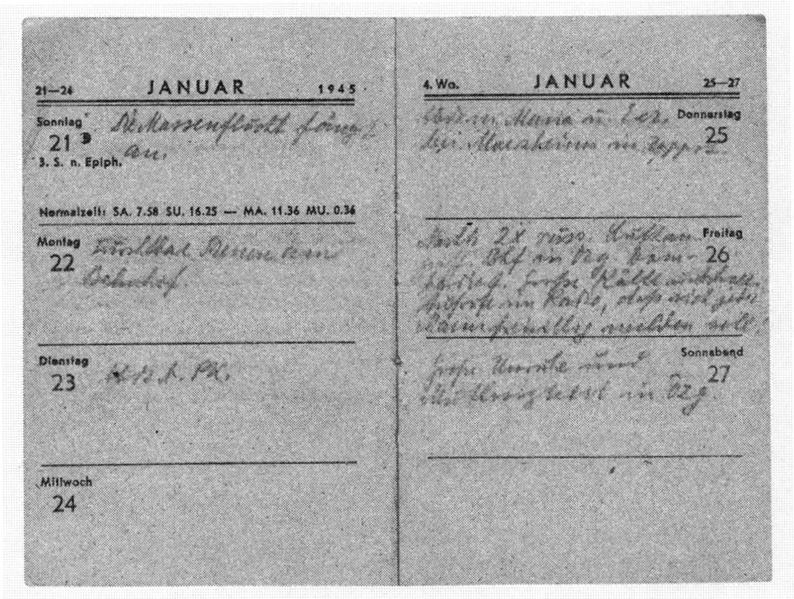

Abb. 26: Taschenkalender 21–27. Januar 1945

Sonntag 21.1. *Die Massenflucht fängt an.*
Montag 22.1. *Furchtbare Szenen am Bahnhof.*
Dienstag 23.1. *Abds bei PK [=Pater Kohlen]*
Donnerstag 25.1. *Abds mit Maria und Exz. bei Moersheims in Zoppot.*
Freitag 26.1. *Nachts 2 x russ. Luftangriff. Bahnhof in Dzg. bom-*

bardiert. Große Kälte, Durchhalteaufrufe im Radio, daß sich jeder Mann freiwillig melden soll!
Sonnabend 27.1. *Große Unruhe und Mutlosigkeit in Dzg.*
Sonntag 28.1. *Mittags Nachricht, daß das FID [= Flugtechnisches Institut Danzig] aufs Schiff evakuiert werden soll. Abds. viele Gäste bei mir.*
Montag 29.1. *Schlußappell der Hochschule. Unterredung mit Pohlhausen [=Ordinarius für Flugzeugbau an der TH Danzig], daß ich mit Familie bleibe.*
Dienstag 30.1. *Alles um uns herum fährt ab. Aus Männern werden Feiglinge. Riesiger Schneefall. Fast 1m hoher Schnee.*
Mittwoch 31.1. *Erbachs fort. Schultz mit seinem Betrieb fort. „W. Gustloff" mit 5000 Danzigern torpediert. Auch Familie von Prof. Keyser mit oben.*
Donnerstag1.2. *Grieshaker im FID, um die Evakuierung zu leiten. Plötzliches Tauwetter.*

Beim Untergang der „Wilhelm Gustloff" soll ein großer Teil des Materials der TH Danzig verloren gegangen sein, möglicherweise auch die Unterlagen des Flugtechnischen Instituts in Danzig-Langfuhr. Mich hat immer gewundert, wie relativ wenig im Internet über das FID zu finden ist. Welche Funktionen Herr Grieshaker hatte, der die Evakuierung des FID leiten sollte, ist mir nicht bekannt. Der erwähnte Prof. Keyser hatte den Untergang der „Wilhelm Gustloff" überlebt. Der Kollege Prof. Erbach hatte ebenso wie die Kleinwächters am Wächterberg in Oliva gewohnt.

Im Februar richtete sich der Hauptstrom der ostpreußischen Flüchtlinge auf Danzig und Umgebung. Die Frontlinie veränderte sich zu diesem Zeitpunkt nur relativ wenig, so dass sich viele Flüchtlinge aus Ost- und Westpreußen zunächst entschieden, in Danzig zu bleiben. Das Gleiche galt auch für die einheimische Bevölkerung, von der nur sehr wenige die letzten Verbindungen nach dem Westen benutzten, um mit der Bahn, zu Schiff oder im Treck in die Gebiete westlich der Oder zu gelangen.

Sonntag 4.2. *abds bei Ex.*

Dienstag 6.2. *Umzug im FID ins obere Stockwerk, da FID Lazarett werden soll.*

Mittwoch 7.2. *FID Unterkunft für Volkssturm, wird völlig versaut! Johannes Erstkommunion (vorzeitig).*

Donnerstag 8.2. *Wieder viele Flüchtlinge unterwegs.*

Freitag 9.2. *Heute zur Zwangsmeldung beim Volkssturm in der Husarenkaserne: Werde zurückgestellt.*

Samstag 10.2. *Russen in Elbing.*

Sonntag 11.2. *Privatfirmung von Jupp [=Johannes Kleinwächter, 3. Sohn, geboren 1935] und den Moersheimkindern in der bischöflichen Kapelle. Nachher zum Kaffee bei Ex. Abds. Moersheims bei uns.*

Montag 12.2. *Abds mit Maria und Exz. bei Moersheims.*

Mittwoch 14.2 *Abds bei Exc. Dort auch Bischof Kaller [aus] Ermland da, der aus Frauenburg zwangsevakuiert wurde.*

Bischof Maximilian Kaller wurde aus der Domstadt Frauenburg am Frischen Haff evakuiert. Bis 1945 gehörte der Ort zum Kreis Braunsberg. Noch mindestens 2,5 Millionen Deutsche, davon über 25 Prozent Flüchtlinge, befanden sich im Februar im nördlichen Teil Westpreußens, im Raum um Danzig und in Ostpommern, und nur ein geringer Teil von ihnen vermochte nach Beginn des russischen Angriffs in den ersten Märztagen nach Westen über die Oder zu gelangen. Die Brücken über die Weichsel in Dirschau waren eine wesentliche Verbindung für den Eisenbahnverkehr. Sie wurden im Zweiten Weltkrieg zerstört, sind aber wieder aufgebaut worden.

Donnerstag 15.2. *Wieder kalt. Riesige Trecks, da das Werder und Dirschau geräumt wird.*

Sonnabend 17.2. *Die ganze Woche über ziehen ununterbrochen lange Flüchtlingstrecks durch Danzig. Wieder sehr kalt.*

[10] Sonntag 18.2. *Abds mit Maria bei Pfarrer Dr.Behrend.*

Montag 19.2. *Abds bei mir Skat: Grümmert, Federau und Frau.*

Mittwoch 21.2. *Abds mit Maria bei Mörsheims in Zoppot.*

Sonnabend 24.2. *Abds. Skat bei Bergers.*

Sonntag 25.2. *Nachmittags Mörsheims bei uns, dann Ex., abds alle bei ihm. Firmung von Jupp bei Bischof Kaller. bei Jupp Bischof...*
Montag 26.2. *Vormittags Schultz aus Thüringen im FID.*
Mittwoch 28.2. *Abds mit Exz in Zoppot bei Moersheims.*

März 1945: Wir bleiben

Freitag 2.3. *Habe wieder große Ohrenschmerzen (li).*
Sonnabend 3.3 *Abds mit Maria in Hochwasser*

Abb. 27: Schloss Hochwasser

Das Schloss Hochwasser lag auf der Grenze zwischen Oliva und Zoppot. 1856 ließ es Heinrich Theodor Berend erbauen, der durch Kornhandel wohlhabend gewordene Besitzer einer Eisengießerei und Maschinenfabrik. Seit 1905 wurde es als Erholungsheim für das XVII. Korps der Preußischen Armee genutzt. Später gehörte es zu den drei Niederlassungen der aus Trier stammenden Borromäerinnen, die in Danzig, nachweislich noch 1937, das Marienkrankenhaus und ein Mädchenwaisenhaus mit 40 Schwestern, das Knabenwaisenhaus mit 10 Schwestern und das Erholungsheim Schloss Hochwasser bei Zoppot mit 5 Schwestern unterhielten. Ganz offenbar boten die Ordensschwestern Gästen Räumlichkeiten an, in denen man sich treffen konnte und sicher auch bewirtet wurde. Gut möglich, dass dies dazu noch ein katholischer Treffpunkt war, weshalb er von meinen Eltern und ihren Freunden gern aufgesucht wurde. Das Erholungsheim Schloss Hochwasser lag an der Adolf-Hitlerstraße Nr. 527, der längsten Straße, die den Bezirk Danzig von Ost nach West durchquerte. Das Zahnarztehepaar Dr. Mörsheim wohnte in Zoppot, Seestraße 31. Von dort aus ließ sich das Schloss Hochwasser ebenso bequem mit einem kleinen Spaziergag erreichen wie das Haus Am Wächterberg 4 in Oliva.

Sonntag 4.3. *Abds Ottawas und Pfr. Behrendt bei uns.*
Dienstag 6.3. *Danzig eingekesselt. Abds. bei Moersheims zum Abendessen.*
Mittwoch 7.3. *Abends bei Federaus, dort aus R. [=Reich?] Rektor[?] Lotz.*
Freitag 9.3. *Große Unruhe. Russen kurz vor Danzig. Nachts großer Fliegerangriff.*
Sonnabend 10.3. *Dauernd schießen die Kriegsschiffe; große Flüchtlingsströme. Ich nachmittags in Zoppot bei Moersheims zum Kaffee.*

Der Ring um Danzig und Gotenhaften wurde am 5.–6. März geschlossen. In diesem eng umschlossenen Gebiet hielten sich neben deutschen Verbänden und Versprengten mindestens 1,5 Millionen Zivilisten auf, dazu rund 100.000 Verwundete. Die Straßen und Gassen waren durch Trecks völlig verstopft. Am 9., 16. und 18. März wurden durch Luftangriffe Großfeuer in Danzig verursacht. Ab dem 14. März lag die Straße zwischen Gotenhafen und Danzig unter russischem Artilleriefeuer. Am 22. März erreichten die sowjetischen Truppen zwischen Adlershorst und Zoppot das Meer. Damit war Gotenhafen von Danzig getrennt. Am 23. März wurde Zoppot eingenommen.

An diese ersten Märztage erinnere ich mich noch gut. Alles, was ich bisher als richtig und gut für mich verinnerlicht hatte, bröckelte ab. Zurück blieb ein elendes Gefühl des Ausgeliefertseins. Eine lähmende Hilflosigkeit hielt uns meistens im Luftschutzkeller fest. Da wurde viel gebetet, obwohl jeder von uns ahnte, dass das gar nichts ändern würde.

Sonntag 11.3. *Dauerndes Artilleriefeuer. Tieffliegerangriffe. Nachmittags Exz bei uns.*
Montag 12.3. *Nachmittags kommen 8 Mann Einquartierung zu uns. Alles rechte Soldaten. Russen schießen nach Zoppot.*
Dienstag 13.3. *Russen in Schiefenhorst. Einige Granaten nach Oliva. Wildes Artillerieschießen.*
Mittwoch 14.3. *Schießerei, wüstes Feldlagerleben.*
Donnerstag 15.3. *Vormittags starker Artilleriebeschuß, sodaß ich nicht ins Institut fahren kann. Ich nachmittags mit dem Rad nach Zoppot zu Moersheims. Dort auf der Terrasse beinahe von Tieffliegern erschossen worden. Garbe ging 3 m links vorbei.*
Freitag 16.3. *Tagsüber Trommelfeuer hinter dem Walde. Sonst ruhig.*
Sonnabend 17.3. *Dauernd Fernbeschuß auf Oliva. Nachmittags in Hochwasser. Dort schlägt eine Granate 200 m von uns ein. Ruhige Nacht.*

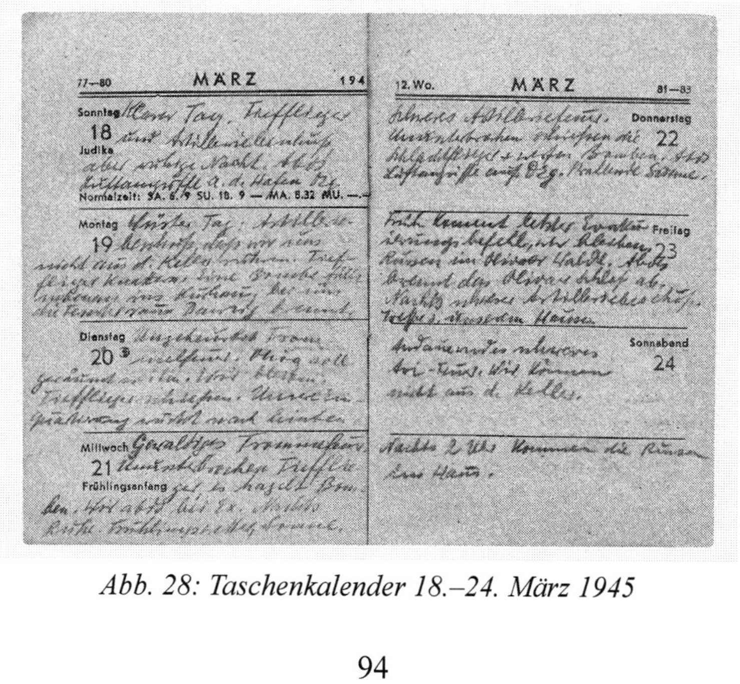

Abb. 28: Taschenkalender 18.–24. März 1945

Sonntag 18.3. *Klarer Tag. Tiefflieger- und Artilleriebeschuß, aber ruhige Nacht. Abds. Luftangriffe auf den Hafen Danzig.*
Montag 19.3. *Wüster Tag: Artilleriebeschuß, daß wir uns nicht aus dem Keller rühren. Tiefflieger knattern. Eine Bombe fällt nebenan ins Kurhaus, bei uns die Fenster raus. Danzig brennt.*
Dienstag 20.3. *Ungeheures Trommelfeuer. Oliva soll geräumt werden. Wir bleiben. Tiefflieger schießen. Unsere Einquartierung rückt nach hinten.*
Mittwoch 21.3. Frühlingsanfang *Gewaltiges Trommelfeuer, ununterbrochen Tiefflieger. Es hagelt Bomben. Wir abds bei Ex. Nachts Ruhe. Frühlingswetter. Sonne.*
Donnerstag,22.3. *Schweres Artilleriefeuer. Ununterbrochen schießen die Schlachtflieger und werfen Bomben. Abds. Luftangriffe auf Danzig. Strahlende Sonne.*
Freitag, 23.3. *Früh kommt letzter Evakuierungsbefehl. Wir bleiben. Russen im Olivaer Wald. Abds brennt das Olivaer Schloß ab. Nachts schwerer Artilleriebeschuß, Treffer in unserem Haus.*

Am Freitag, dem 23. März wurde noch einmal ein letzter Evakuierungsbefehl erteilt. Doch eindeutig notierte Vater in seinem Notizkalender: „Wir bleiben.“ Wo sollten wir auch hin? Alle, die noch im Keller unseres Hauses zusammengedrängt hockten, waren in der gleichen Situation wie meine Eltern. Die Notizen meines Vaters spiegeln das, was er selbst für sich wahrnahm. Seine Familie, meine Mutter, wir sieben Kinder, die beiden jungen Frauen, die uns beim Überleben helfen sollten und selber vor Angst zitterten – das alles kommt in dem Notizkalender nicht vor.

Samstag, 24.3. *Andauerndes schweres Art-Feuer. Wir können nicht aus d. Keller. Nachts 2 Uhr kommen die Russen ins Haus.*

Ein Granattreffer hatte unser Haus getroffen. Das hatten wir im Keller gespürt. Aufschreie. Putz fiel von den Wänden. Es war stockdunkel. In dieser Nacht vom 24. auf den 25. März kamen die ersten russischen Soldaten ins Haus. Wir mussten im Keller bleiben und befürchteten das Schlimmste. Wir hatten so viel von Vergewaltigungen gehört, dass wir Mädchen einfach nur Angst hatten, wie das vor sich gehen würde, wenn es uns beträfe. Ich erinnere mich, dass mir meine Mutter dort eine Art Blitzaufklärung gegeben hatte, die mich entsetzte. Aufklärende Gespräche zur Sexualität waren damals nicht üblich. Selbst in unserer kinderreichen Familie wurde die mehrfache Schwangerschaft meiner Mutter nicht thematisiert. Für uns Kinder war die Ankunft eines neuen Geschwisterchens immer ein besonderes Geschenk des Himmels, das wir nicht hinterfragt haben. Dass die Zeugung eines neuen Menschenkindes mit einem Gewaltakt einhergehen könne, lernte ich erst, als die russischen Soldaten vor dem Kellereingang standen.

Aus dem Führerhauptquartier kam in dieser Nacht vom 24. auf den 25. März der Befehl: „Jeder Quadratmeter des Raumes Danzig/Gotenhafen ist entscheidend zu verteidigen", und noch am 28. März wurde ein Gebiet auf persönliche Anordnung Hitlers zum „Festungsgebiet" erklärt. Schweres Artilleriefeuer, Spreng- und Brandbomben zerstörten einige Randbezirke, wobei die historische Altstadt weitgehend verschont blieb. Mehrere Tage lang stand eine Wand aus Rauch und Feuer 4000–5000 Meter hoch über Danzig. In der Nacht auf den 26. März liefen zum letzten Mal einige Munitionsdampfer ein und nahmen Flüchtlinge mit nach Westen. In der Nacht vom 26. auf den 27. März verließen die letzten kämpfenden deutschen Truppen zusammen mit einem kleinen Teil der Zivilbevölkerung Danzig. Aber da Danzig-Gotenhafen als Hauptstützpunkt der deutschen Kriegsmarine über wirkungsvolle Flak-Abwehr verfügte, dauerte es bis zur Kapitulation noch bis zum 30. März.

25. März 1945: Gefangenschaft und Verschleppung

Mit den folgenden Eintragungen in den kleinen Notizkalender begann sowohl für meinen Vater als auch für meine Mutter und uns Kinder ein ganz neues Kapitel. Meine eigenen Erinnerungen und die, die mein Vater notierte, passen nicht genau zusammen. Ab diesem Moment finden sich auch Eintragungen meiner Mutter im Kalender. Wann meine Mutter auf dieser Wochenseite vom 25.–31.

März ihre eigenen Erinnerungen eingetragen hat, weiß ich nicht; sicher aber erst nach Vaters Tod. Denn da erst fand sie in seinen hinterlassenen Kleidungsstücken seinen Taschenkalender 1945, den sie weitergeführt und auch eigene Erlebnisse später den verschiedenen Datenfeldern zugeordnet hat.

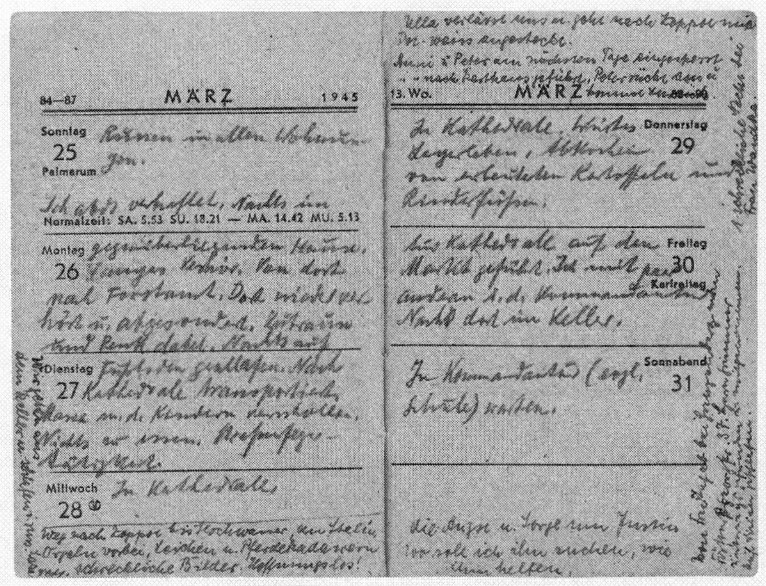

Abb. 29: Taschenkalender 25.–31. März 1945

Sonntag 25.3. *Russen in allen Wohnungen.- Ich abds verhaftet. Nachts im*
Montag 26.3. *gegenüber liegenden Hause langes Verhör. Von dort nach Forstamt. Dort wieder verhört und abgesondert. Gutraun und Penk dabei. Nachts auf Fußboden geschlafen.*
Dienstag 27.3. *Nach Kathedrale transportiert. Maria mit den Kindern verschollen. Nichts zu essen. Straßenfegertätigkeit.*

[Einschub Maria Kleinwächter]
Wir gehen aus dem Keller raus und schlafen im russ. Lazarett. Weg nach Zoppot bis Hochwasser, an Stalinorgel vorbei, Leichen und Pferdekadaver, schreckliche Bilder. Hoffnungslos! ...

die Angst und Sorge um Justin, wo soll ich ihn suchen, wie ihm helfen.

Ulla verläßt uns und geht nach Zoppot, weiß-rot-weiß angesteckt [= sie war unser polnisches Hausmädchen]. Anni und Peter am nächsten Tag eingesperrt und nach Karthaus geführt. Peter rückt aus und kommt zurück. Eine schreckliche Nacht bei Frau Wandka [= das war unsere Waschfrau, die eine winzige Hütte in der Nähe bewohnte.] Von Freitag ab bei Grenzenberg [?], Förster-Rezow-Str.37... Herrn Grümmert unterwegs gefunden und mitgenommen. Auf Dielen geschlafen.

Mir haben sich die Ereignisse damals unvergesslich eingeprägt, so dass ich mich noch genau zu erinnern glaube: Die russischen Soldaten haben zuerst alle Männer aus dem Luftschutzkeller geholt. Mein Vater war dabei. Wir hörten Schüsse, nahmen an, dass die Männer erschossen worden sind. Wir sahen keinen von ihnen wieder. Dann wurde nach Frauen gesucht. Ich versteckte mich in der Ecke, wo Mutter mit uns Kindern hockte. Schließlich hieß es. „Dawai! Dawai!" Wir Kellerinsassen wurden rausgejagt, konnten unser Handgepäck mitnehmen. Wir hatten einen Schlitten dabei, auf dem wir alles aufpackten und den kleinen Justin oben draufsetzten. Auf dem Weg zur Straße fand ich ein leeres Schmuckkästchen, hob es auf und warf es wieder weg. Die Welt schien zusammengebrochen zu sein.

Immer mehr Menschen schlossen sich zu einem merkwürdigen Zug zusammen, der Richtung Zoppot zu ziehen schien. Unterwegs machten wir Rast in der unmittelbaren Nähe einer aufgeprotzten Stalinorgel, deren Granaten uns nicht treffen konnten. Als wir den Olivaer Friedhof hinter uns hatten, wurden unsere Anni und mein Bruder Peter von einem russischen Soldaten aus unserer Gruppe gezerrt, dabei etwas geschrien, das sich wie „Raboti" anhörte. Sie sollten irgendwie an einem Arbeitseinsatz teilnehmen.

Tatsächlich wurden die beiden in der Friedhofskapelle eingesperrt, aus der Peter sich retten konnte. Von unserer Anni, dem Kindermädchen, erfuhren wir später, dass sie nach Karthaus verschleppt worden war. Unser Hausmädchen Ulla, eine junge Polin, war seit Beginn des Krieges bei uns als Fremdarbeiterin beschäftigt, gehörte aber wie ein Familienmitglied dazu. Jetzt hoffte sie, ohne Schwierigkeiten wieder in ihre Heimat zurückkehren zu können und meinte, sich mit einem rotweißen Kennzeichen an der Kleidung als Polin sicher fühlen zu können. Sie trennte sich von uns und wollte nach Zoppot gehen. Wir sahen sie nie wieder.

Unsere Menschenkarawane zog also Richtung Zoppot weiter, aber ich sah, dass die Karawane in der Ferne nach rechts abbog Richtung Danziger Bucht. Tatsächlich zog an der Olivaer Grenze zu Zoppot die Menschenschlange auf einem Parallelweg nach Oliva zurück. Jetzt galt es, ein Dach über dem Kopf zu finden. Leere Wohnungen gab es. Als Gruppe glaubte man sich sicherer. Unser erstes Quartier fanden wir im ersten Stock eines Hauses, in dessen größtem Zimmer wir uns eng gedrängt einrichteten. Ich musste mich in einen Teppich einrollen, um nicht von den Soldaten als Mädchenopfer erkannt zu werden, denn während der Nacht kamen mehrmals Soldaten und leuchteten mit ihren Taschenlampen über die dicht gedrängte Gruppe von verängstigten Menschen, die Schlaf vorzutäuschen versuchten.

An eine Nacht in einem russischen Lazarett kann ich mich ebenso nicht erinnern wie an eine Nacht in der kleinen Behausung von Frau Wandka, unserer Waschfrau. Ich habe sie in diesen Chaostagen einmal besucht, da sie aus unserer Wohnung angeblich verwendbare Sachen geholt hatte. Sie sprach Polnisch. Als ich sie besuchte, fiel mir ein Teppich aus unserer Wohnung auf, den sie als üppige, bis auf den Boden reichende Decke auf ihrem Küchentisch liegen hatte. Unter dem musste ich mich schnell verstecken, als zwei Soldaten eintraten und sich mit Frau Wandka zu unterhalten begannen. Ich saß in meinem Versteck, sah die Stiefel der beiden Männer, verstand nicht, was sie mit Frau Wandka besprachen und hatte einfach nur Angst, entdeckt zu werden. In den nächsten Tagen und Wochen mussten wir mehrfach die Unterkunft wechselten, weil wir von polnischen Nutzern vertrieben wurden.

Erinnerungen des 13-jährigen Peter Kleinwächter an die Russenzeit

Im September 1946 hat mein Bruder Peter, der wegen Scharlach im Krankenhaus behandelt wurde, seine Erlebnisse in der Russenzeit aufgezeichnet; offenbar befragt von einem anderen Vertriebenen, der solche Zeugnisse gezielt sammelte. Das erklärt auch manche Formulierungen, die der Junge 1,5 Jahre nach den Ereignissen gebraucht.

Meine Erlebnisse und Eindrücke in der Russenzeit.

Es war in der Nacht zwischen ein und zwei Uhr, als es hieß, jeden Augenblick können die Russen ins Haus kommen. Mir war ganz komisch zu Mute. Ich stellte mir die Russen so ähnlich vor wie unsere Soldaten. Aber schon nach einer Viertelstunde war ich anderer Meinung. Nun waren sie da. Sie hatten finstere, raublustige Gesichter und das einzige deutsche Wort, das sie konnten, war „Uhr". Mit diesem Wort auf den Lippen kamen sie alle in den Keller und rissen uns die Uhren von den Armen. Dann plünderten sie uns. Mit Messern schnitten sie die Koffer auf und klauten alles heraus. Die Offiziere immer mitten darunter. Da dachte ich, so hast du dir die Russen nicht vorgestellt.

Alle Männer, darunter auch meinen Vater, nahmen sie sofort mit. Dann fingen sie an die Frauen und jungen Mädchen herauszuschleppen. Ein ganz ekelhafter Bolschewik packte meine Mutter am Handgelenk und wollte sie mit sich ziehen, da fingen meine Geschwister und ich ganz doll an zu schreien und klammerten uns an unsere Mutter fest. Da ließ der Russe sie los und ging heraus. Nach diesem kamen noch viel mehr. Einer kam wieder zu meiner Mutter, den Achselstücken nach ein Unteroffizier. Er sagte, sie solle mit ihm kommen. Meine Mutter verneinte. Darauf erwiderte er ganz gebrochen deutsch, er werde sie erschießen, wenn sie nicht mitkomme. Er zog seine Pistole und zielte auf meine Mutter.

In diesem Moment war es mir klar, dass meine Mutter für meine sechs Geschwister wertvoller war als ich. Ich stellte mich vor meine Mutter hin und sagte, er solle lieber mich erschießen. Er erwiderte, wenn meine Mutter nicht mit ihm käme, würde er mich erschießen. Meine Geschwister und die anderen Leute schrien laut um Hilfe. Daraufhin kamen zwei Ukrainerinnen und zogen ihn mit fort. Ich dachte danach, schlimmer können die wilden Tiere auch nicht sein. Essen konnte ich nicht, trotzdem ich den ganzen Tag noch nichts gegessen hatte. Das Grausige, was ich in diesen Stunden erlebt hatte, war zu groß.

Dann wurden wir von den Russen rausgetrieben. An einem See in der Nähe von Oliva hatten sich schon ein paar Hundert verängstigte Menschen zusammen gefunden, auch wir ließen uns dort nieder. Aber auch hier hatten wir keinen Schutz vor den Russen. Sie überfielen die Frauen und Mädchen und plünderten uns aus. Uns war es ganz egal, ob sie uns die Sachen wegnahmen, oder nicht. Ich meinte, ich würde ja doch nicht mehr lange leben, oder ich würde nach Russland kommen und da würden sie mir doch alles nehmen. Ich rechnete damit, dass sie uns größeren Jungens nach Russland verschleppen würden. Unsere Mutter sagte uns, dass wir sie nicht vergessen sollten und gab uns jedem ein kleines Andenken. Ich sagte, wenn ich einmal ein russischer Soldat werden muss, dann will ich anders sein als diese Bestien. Ich sah, wie Frauen in ihrer Verzweiflung mit ihren Kindern an der Hand in diesen See gingen und sich ertränkten.

Wir suchten uns Schutz für die Nacht. Auf den Straßen war alles voll Russen, sie waren größtenteils betrunken. Endlich fanden wir ein Haus, worin keine Russen waren. Allein wagten wir uns nicht niederzulassen, weil wir dann ganz und gar den Russen ausgeliefert waren. Nun schliefen wir in einem Raum zu 36 Personen. Die Kleinen wollten es nicht einsehen, dass sie auf dem blanken Fußboden schlafen sollten, sie riefen: „Ich will in meinem Bettchen schlafen." Nun hatten wir aber nichts zu essen, und die Kleinen hatten Hunger. Ich sagte zu meiner Mutter, dass ich etwas zu essen organisieren werde. Sie sagte: „Peter, du darfst nur soviel nehmen, wie wir unbedingt brauchen, was du mehr nimmst, ist stehlen."

Ich zog nun los und ging in die Häuser, wo die Russen gera-

de abgezogen waren und sammelte von den Tischen und vom Fußboden die übriggebliebenen Brotstücke auf. In den Zimmern sah es wüst aus. Die Lampen zerschlagen, die Bilder von den Wänden gerissen und zerhackt. Das Porzellan lag zerschlagen auf dem Boden zwischen den Wäschestücken. Geldscheine und andere Wertpapiere lagen zum Teil zerrissen herum. Das Geld war in meinen Augen wertlos. In mir war nur ein Gedanke, meiner Mutter und meinen Geschwistern etwas zu essen zu bringen. Ich konnte nicht sehen, wie die Kleinen hungerten.

Oft war das Organisieren mit großen Gefahren verbunden. Einmal organisierte ich auch gerade, da kommen drei Russen, sie schieben mich in einen kleinen Raum. Einer hält mir die Maschinenpistole vor die Brust. Ich muss die Hände hochheben und die beiden anderen tasten mich ab, nehmen mir Taschenmesser, Portemonnaie und meine Brieftasche weg. Dann kriege ich noch einen Schlag mit dem Kolben ins Kreuz und dann lassen sie mich laufen.

Oftmals wenn ich über freies Feld ging, wurde ich als lebendige Zielscheibe benutzt. Dann fing ich an zu laufen und wenn ich zur Seite guckte, sah ich die grinsenden Gesichter und das Aufblitzen. Die Kugeln pfiffen dann mal vor mir mal hinter mir her, dann wieder mal zischte es dicht an meinem Gesicht vorbei. Die Heilige Maria hat mich immer noch wunderbar beschützt.

Als nun die Russenherrschaft abflaute, kamen die Polen. Von den Russen konnten wir uns nicht viel erwarten. Das sind Heiden, die schon 30 Jahre ohne Gott gelebt haben. Aber von den Polen erhofften wir uns sehr viel, weil die in Europa als „das katholische Volk" dastehen. Diese scheinheiligen Banditen. Solch einen fanatischen Hass habe ich in meinem ganzen Leben noch nicht gesehen. Aus jedem Wort, aus jedem Blick, aus jeder Bewegung sprach dieser Hass. Die Russen haben uns schon das Meiste genommen. Die Polen nahmen uns das Letzte. Sie stopften uns zuletzt in einen Zug. Der einzige Ausdruck, den sie für uns hatten, war „du deutsches Schwein".

Wie freute ich mich, als der Zug sich endlich in Bewegung setzte in Richtung Deutschland. Endlich hatten wir das Elend der vergangenen Monate hinter uns. Es war bitter kalt im Viehwagen. Ein Öfchen hatten wir ja, aber weder Holz noch Kohle. Meine Gedanken eilten dem Zug voraus und versuchten, sich die neue Heimat vorzustellen. Ich dachte, wie schön es sein wird, sich wieder frei zu bewegen und ohne dauernde Angst über die Straße zu gehen. Wie froh war ich, als ich den Rücken des letzten Russen an der Zonengrenze sah. Den deutschen Verkehr auf den Straßen sah ich mit ganz anderen Augen als ein Hiesiger. Ich hoffte, dass wir hier eine neue Wohnung bekommen würden, um von neuem unser Heim aufbauen zu können.

Aber wie war ich enttäuscht, als man uns Vertriebene die schlechtesten Zimmer im Hause zuwies und uns als Menschen zweiter Klasse behandelte. Wir waren nur für diese Menschen „die da hinten aus dem Osten und das sind ja nur Flüchtlinge, die können auf Strohsäcken auf der Erde schlafen". Wir haben dasselbe Recht, anständig behandelt zu werden. Wir haben auch alles gehabt und haben tüchtig gearbeitet. Was können wir dafür, dass uns alles genommen worden ist? Wir wollen darum kämpfen, dass wir genauso für voll genommen werden wie die Einheimischen.

P. Kleinwächter

April 1945: Im Russenlager

Mit der Kalenderwoche vom 25.–31. März begann Vaters Leidenszeit. Das russische Militär sah in jedem Mann einen verhassten Nationalsozialisten und kümmerte sich nicht um die Ergebnisse von Informationen, die durch Verhöre zustande kamen. Jeder wurde wie ein Schwerverbrecher behandelt und bekam nicht die geringste Chance, sich diesem Urteil zu entziehen. Das muss für meinen Vater eine erschütternde Erfahrung gewesen sein, aber auch für all die Männer, die mit ihm zusammen das Gleiche mitmachten. Anfänglich mag er noch an gewisse differenzierte Behandlung geglaubt haben, als er mit einigen Mitgefangenen ausgesondert und der russischen Kommandantur zugeführt wurde. Dort dauerte es aber noch drei Tage, bis er von sechs „anständigen“ Offizieren verhört und sogar zu Mittag- und Abendessen eingeladen wurde.

Justins Kalendereintrag lautet:

> **Sonntag 1.4.** *Von Kommandantur nach Bunker umgezogen.*
> **Montag 2.4.** *Verhör von sechs anständigen Offizieren. Zu Mittag- und Abendbrot eingeladen.*
> **Dienstag 3.4.** *Überführt nach Erholungsheim 5. Hof. Stundenlang im Regen gestanden.*
> **Mittwoch 4.4.** *Zur 3. Vernehmung in der Greiser-Villa.*
> **Donnerstag 5.4,** *Von einem Keller in den anderen. Abends ins Russenlager überführt. (Friedensschluß)*
> **Freitag 6.4.** *Im Russenlager, sehr kalt, alle Fenster kaputt. Ich werde Barackenführer. Wohne in Extrazimmer.*
> **Sonnabend 7.4.** *Im Russenlager.*

An der Pelonker Straße lagen mehrere größere Villen. Eine davon war das Erholungsheim Pelonken Nr. 5. Eine der Villen hatte Arthur Karl Greiser gehört, dem Senatspräsidenten der Freien Stadt Danzig von 1934 bis 1939 und Reichsstatthalter und Gauleiter der NSDAP in dem vom Deutschen Reich annektierten Reichsgau Wartheland von 1939 bis 1945. Er wurde wegen Kriegsverbrechen 1946 in Posen hingerichtet.

Noch schien Vater zu hoffen, dass man seine politische Einstellung irgendwie doch berücksichtigen würde. Er war ja kein Nazi gewesen. Wenn er jetzt im Russenlager zum Barackenführer ernannt wurde, sogar ein Extrazimmer bekam, empfand er das als Anerkennung.

Meine Mutter notierte auf dieser Seite:

[Einschub Maria Kleinwächter]

Rausgesetzt! In einem Zimmer zu 41 Personen Schefflerstr.41 Aufnahme gefunden. Frau Thiel mit 4 Kindern und Jenni, Elisabeth mit Schwester und Mutter und Frau Reichel mit Kindern immer mit mir.

Daran kann ich mich sehr gut erinnern und habe das bereits beschrieben.

Vaters Einträge in der Woche vom 8.–14.4. spiegeln Lagerelend. Ganz offenbar hatten die Vernehmungen zu keiner positiven Veränderung geführt. Justin wurde weiter wie ein Strafgefangener behandelt:

Sonntag 8.4. *Im Russenlager.*
Montag 9.4. *Im Russenlager. Nachmittags wieder in der Greiser-Villa.*
Dienstag 10.4. *Untätig im Keller der Greiser-Villa herumgesessen. Dort übernachtet-*
Mittwoch 11.4. *Vormittags in eine Nachbar-Villa geschleift (Keller, sehr kalt)-*
Donnerstag 12.4. *Nachts ins SS-Straflager Matzkau überführt (12 km zu Fuß)*
Freitag 13.4. *In Matzkau, sehr kaltes Wetter,*
Sonnabend 14.4. *In Matzkau, bekomme Durchfall.*

Am Donnerstag, dem 12. April mussten die gefangengehaltenen Männer zu Fuß die 12 km lange Strecke bis zum SS-Straflager Matzkau zurücklegen. Viele vom ihnen waren schon geschwächt durch die 14-tägige Quälerei, die sie bereits hinter sich hatten. Mein Vater deutet das nur an. Aber wo lag Matzkau? Den Namen kannte ich nicht. Das Strafvollzugslager der SS und Polizei in Danzig-Matzkau, südwestlich von Danzig in der Nähe von Borgfeld an der Straße nach Groß Kleschkau, war ein deutsches Strafgefangenenlager bei Danzig für straffällig gewordene Angehörige der SS und der Polizei. Es unterstand der Waffen-SS. Die Lagerbaracken wurden in den Jahren 1939–1941 durch polnische Zivilgefangene errichtet. Es war eine Außenstelle des KZ Stutthof. Das Lager Matzkau wurde im März 1945 auch als Sammellager für Kriegsgefangene genutzt. Wurden die Männer, die als Zivilisten verschleppt worden waren, wie mein Vater, als Kriegsgefangene angesehen? Das Lager soll schon sehr zerstört gewesen sein, als Vater dort mit seiner Gruppe ankam. Er notierte in dem winzigen Kalender:

Sonntag 15.4. *In Matzkau. In furchtbarer Engigkeit. Schwerer Durchfall.*
Montag 16.4. *In Matzkau, ich werde immer kränker. Kann nichts mehr essen.*
Dienstag 17.4. *Bei der Namensverlesung melde ich mich krank, komme in den Haufen der Alten.*
Mittwoch 18.4. *In Matzkau, bin recht schwach und verzagt.*
Donnerstag 19.4. *In Matzkau, übernachtet in fürchterlicher Enge.*
Freitag 20.4. *Von nun ab immer in Matzkau unter schlimmen Verhältnissen.*

Die Verhältnisse müssen katastrophal gewesen sein. Vater scheint kaum noch in der Lage gewesen zu sein, etwas zu notieren, lediglich zweimal innerhalb der nächsten 10 Tage sind die folgenden Eintragungen gemacht worden:

Montag 23.4. *Werde wieder sehr krank, Durchfall mit Blut.*
Freitag 27.4. *Krank und elend.*

Mutter schrieb später ihre eigenen Erinnerungen dazwischen:

[Einschub Maria Kleinwächter]
Sonnabend 21.4. *Wo ist Justin? Nachts kommen oft Russen, aber die vielen Kinder retten uns. Inzwischen von Poln. Eisenbahnern sehr brutal aus der Wohnung Schefflerstr. herausgejagt, viel weggenommen, aber unsere Schokolade gerettet; vorher schon Wohnung bei Krügers besorgt.*
Mittwoch 2.5. *Anni kommt aus dem Gefängnis-Lager Graudenz zurück, große Freude.*

Mai 1945: Wir sind alle sehr schwach

Unsere Anni war seit Ende März verschleppt worden und bis jetzt im Lager Graudenz festgehalten worden. Graudenz liegt 93 km südlich von Danzig, wurde am 18.2.45 von den Sowjet-Truppen eingekesselt und hatte am 5./6. März schließlich kapituliert. Anni war vergewaltigt worden, so wie viele der verschleppten Frauen, aber dann doch entlassen worden und nicht in die Sowjetunion in ein Arbeitslager verfrachtet worden, wie es auch vorkam. Annis Rückkehr empfanden wir wie ein Wunder, das uns weiter auf Vaters Freilassung hoffen ließ, denn auch die würden wir als ein Wunder ansehen, ein Geschenk des Himmels. Am 2.5.1945, dem Tag der Kapitulation Berlins, hatten wir immer noch keinerlei Nachricht über die Männer, die damals aus unserem Luftschutzkeller im Haus Am Wächterberg 4 verschleppt worden waren. Ob sie überhaupt noch lebten, war völlig ungewiss.

Auch Vater hatte die Hoffnung nicht aufgegeben, endlich freizukommen und notierte:

> **Freitag 4.5.** *Werden zu 80 Mann aussortiert und auf 5 LKWs nach höherer GPU-Stelle in Stargard bei Stettin gefahren. Übernachtet in Wollenberg.*
> **Sonnabend 5.5.** *In Stargard langes Warten. 28 Mann werden behalten. Rest fährt abends wieder zurück. Nachts in Scheune. Vormittags weiter, große Bummelei. Nachts in Konitz-*

Mit „GPU“, der Bezeichnung für die russische Geheimpolizei bis 1934, meint Justin die sowjetische Militärpolizei. Was in Stargard in der Nähe von Stettin geschehen ist, warum einige Männer aussortiert wurden und was mit ihnen geschehen ist, bleibt verborgen. Die kleiner gewordene Gruppe kehrte über Konitz, wo übernachtet wurde, nach Matzkau zurück. Jeder wird sich gefragt haben, warum sie weiter in Matzkau festgehalten wurden. Ganz offenbar ließ man sie im Ungewissen. Aber die letzten drei Tage in diesem Lager waren angebrochen. Justin notierte:

Sonntag 6.5. *Wieder in Matzkau.*
Mittwoch 9.5. *Zu 70 Mann als letzte aus Matzkau nach Gefängnis Danzig-Schießstange.*
Donnerstag, 10.5. (Himmelfahrtstag) *In Gefängnis in fürchterlicher Enge!*
Sonnabend, 12.5. *Ein Mann stirbt.*

Justin gehörte zu einer Gruppe von 70 Mann, die in dem Lager als letzte Zivilgruppe festgehalten wurde. Am Mittwoch, dem 9.5. erfolgte die Verlegung nach Danzig in das Stadtgefängnis Danzig-Schießstange. Das Gefängnis Schießstange wurde bereits 1851 an das bestehende Gerichtsgebäude angebaut und fünfzig Jahre später so erweitert, dass es bis zu eintausend Häftlinge aufnehmen konnte. Nach Danzigs Besetzung durch die Rote Armee richtete der Sowjetische Stadtkommandant noch im März 1945 im Gebiet Danzig verschiedene Lager ein, Matzkau gehörte auch dazu, aber auch das Arbeitslager für Deutsche in Langfuhr, das den Namen Narwik bekam. Die Aufgabe der hier Festgehaltenen war, die Anlagen der Danziger Werft und der Schichau-Werft zu demontieren, die dann in die UdSSR abtransportiert wurden. Das Lager Narwik unterstand den Sowjets, das Gefängnis Schießstange dem polnischen Sicherheitsdienst. Hin und wieder gelang es, dem Wachpersonal im Lager Narwik einen Gefangenen „abzukaufen". In Schießstange war das nicht möglich. In beiden Lagern wütete seit Ende April der Typhus, eine Epidemie, die sich rasch auszubreiten begann und sich im Lager Narwik noch verheerender auswirkte als im Gefängnis Schießstange. Medizinische Hilfe gab es nicht. Die damaligen Behörden standen der sich rasend schnell ausbreitenden Epidemie hilflos gegenüber. Mit der Verlegung nach Schießstange war das Schicksal meines Vaters bereits besiegelt, nur ahnte das damals noch niemand. Er schrieb:

Montag 14.5. *Bekomme den Kopf kahl geschoren wie ein Sträfling.*
Donnerstag 17.5. *Bekomme ein böses Nackenfurunkel und muß in 2 Tagen zum Arzt.*

Freitag 18.5. *Ich wohne hier von Anfang an unter einem Tisch, wie einst Diogenes in der Tonne.*

Das ist Galgenhumor, denn Justins Körper war ausgehungert und überstrapaziert, reagierte auf das schlechte Essen, die hygienischen Missstände und die fürchterliche Enge in den Zellen. Dass ihm kurz nach der Ankunft in Schießstange die Haare abrasiert wurden, war auch eine Maßnahme, der Verlausung entgegenzuwirken.

[Einschub Maria Kleinwächter]

Wir ziehen von der Gneisenaustr. 7 von ... nach der Klosterstr. 16a zu Frl. Freitag. Nahmen vom Wächterberg noch allerlei Möbel mit. Sehen zum letzten Mal die Wohnung, das Klavier, Herrenzimmer und Buffet stehen noch. Schweres Abschiednehmen von glücklichen Jahren. Ach, Vaterle, wie haben wir soviel Leid verdient. Die Ungewißheit über sein Schicksal ist schrecklich. In der Nacht große Angst –

Noch immer wusste Mutter nichts über Justin. Wir schlugen uns irgendwie durch. Peter brachte Fundsachen aus Kellern mit, manchmal ein Weckglas, in dem Essbares war. Unser Speisezettel war dürftig. Aber was war das, gemessen an der Kost, mit der Vater auskommen musste. Es zerreißt mir das Herz, wenn ich lese:

Sonntag (Pfingstsonntag/ Muttertag) 20.5. *Vom Feiertag nichts zu merken. Das Essen sehr knapp: Täglich früh ½ l Kaffee und ½ Pfd. Brot. Mittags ½ l dünne Wassersuppe, abds ½ l Kaffee. Die Folge davon ist, daß wir alle sehr schwach auf den Beinen sind und kaum stehen können.*

Freitag 26.5. *Das Furunkel heilt.*

Montag 28.5. *Eintöniges Leben. Die Läuse fressen uns auf. Seit langer Zeit keinen grünen Halm gesehen, keinen Baum, keinen Himmel.*

Donnerstag (Fronleichnam) 31.5. *Schmuggle einen Brief an Maria heraus.*

Die Insassen des Gefängnisses Schießstange versuchten ebenso wie ihre Angehörigen, einander zu suchen und wiederzufinden. Das muss anfangs nicht möglich gewesen sein. Dass in Schießstange mehr als tausend Männer festgehalten wurden, die wahllos aufgegriffen und eingesperrt worden waren, wird in der Bevölkerung nicht unbemerkt geblieben sein. Das Herausschmuggeln eines Kassibers, klein zusammengefaltet, mit einer vagen Adresse versehen, war immer Glücksache, denn er ging durch viele Hände, eher er den Empfänger erreichte. Mein Vater hoffte, dass seine Familie noch in Oliva sei und der Brief sie irgendwie erreichen würde. Er schrieb:

Danzig, 31.5.45

Liebe Maria! Nach unerhörten körperlichen Strapazen, Krankheit, völliger Unterernährung usw. liege ich seit drei Wochen im Gerichtsgefängnis Schießstange, Station VII, Zelle 11, Haus 24 in fürchterlicher Enge mit 40 anderen Kameraden. Aber ich lebe und werde auch alles durchhalten und überstehen, so Gott will!

Wenn nur die Sorge um Euch nicht wäre, wie es Euch gehen mag. Ich bin der festen Zuversicht, daß Gott Euch ebenso helfen wird, wie er mir sichtbarlich geholfen hat, alles zu überstehen. Wir sind alle sehr schwach, können kaum auf den Beinen stehen und sehen doll heruntergekommen aus; vollständig durch und durch verlaust.

Im Lager Matzkau war ich sehr krank geworden, Durchfall mit Blut, konnte über 8 Tage überhaupt nichts essen u[nd] d[ie] Männer starben wie die Fliegen.

Hier soll auch Peter Moers[heim] liegen. Er war auch sehr krank, jetzt geht es ihm wieder besser. Der ganze alte Adel sitzt hier gefangen, warum – weiß kein Mensch. Zu essen wirst Du mir ja nichts schicken können. Durch die beiden Mädchen könnte was eingeschmuggelt werden. Persönlich sehen kann man mich nicht. Bei der Wache darf Brot (in Scheiben geschnitten) und Wäsche abgegeben werden. Kein Brotaufstrich.

Wir bekommen tägl. 1/6 Brot, 1 l Kaffee, ½ l dünne Wassersuppe. Viel zu wenig und darum die große Schwäche. Aber ich komme wieder und wir kommen auch wieder hoch! Gott befohlen, mein liebes Weib und liebste Kinder, helft Eurer Mutter, soviel Ihr könnt! Es grüßt Euch herzl[ich]

Euer Vater Justin

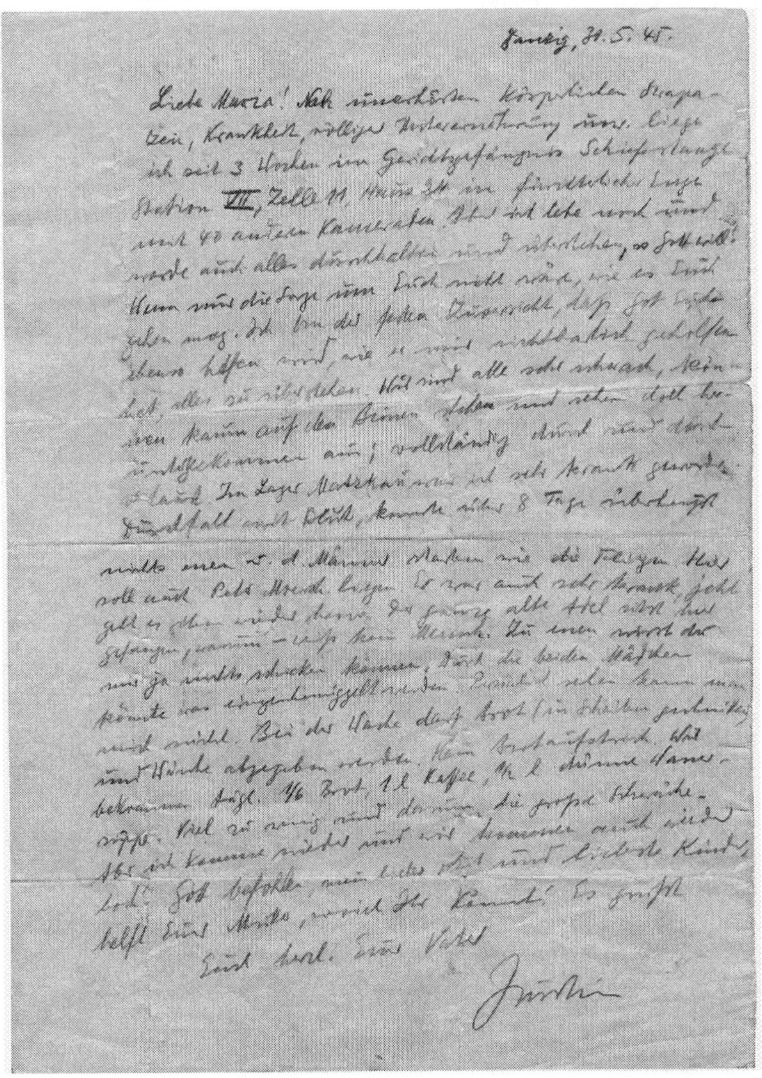

Abb. 30: Brief Justin Kleinwächter an Maria, 30. Mai 1945

Juni 1945: Betet viel für mich

Zwar ist Mutters Antwortbrief nicht erhalten geblieben, aber er muss schnell erfolgt sein, denn schon am Sonntag, dem 3. Juni notiert Vater im Taschenkalender:

> **Sonntag 3.6.** *Bekomme Antwort von Maria, daß alles wohl ist. Deo gratias, Alleluja!*

Umgehend schrieb er am gleichen Tag einen Brief an seine Frau:

> *Schießstange, 3.VI.45*
>
> *Liebste Maria, das war heute für mich eine Riesenfreude, als ich Deinen Brief bekam und die Kugeln, deren Genuß unbeschreiblich war. Ich bin überglücklich, daß ich nun genau weiß, daß Ihr gesund und munter seid, obwohl ich merkwürdigerweise die absolute Gewißheit hatte, daß es Euch gut geht. Ich atme auch etwas auf, als ich hörte, daß man sich um mich von außen her kümmert. Die Lage ist nämlich sonst hoffnungslos, da hier noch Tausende angeblich auf ihre Entlassung warten. Von Glück kann ich reden, daß ich nicht von Matzkau nach Russland abgeschleppt worden bin, wozu ich vorgesehen war und wie es vielen Hunderten Kameraden gegangen ist. Ich wurde gerade im richtigen Moment schwer krank an Ruhr und wäre beinahe daran gestorben. Aber ich habe mich mit großer Energie und viel Willen wieder gerappelt. Dann wurde ich mit 80 anderen nach Stargard bei Stettin gefahren zu einer hohen GPU-Stelle. Dort wurden nochmals 30 Mann ausgesondert und in verschärfte Straflager gesteckt und wir anderen wieder zurückgefahren. Mir war's wie ein Wunder, daß ich wieder nach Danzig zurückkam, ich hatte es bereits für Jahre aufgegeben! Jetzt gehen viele Gerüchte über die verworrene politische Lage. Ich hatte noch vieles anderes auszuhalten. In Matzkau hatte ich ein sehr böses Nasenfurunkel, das aber glatt geheilt ist, hier ein ganz großes im Nacken, das trotz Verschlechterung prima abgeheilt ist. Und nun hoffe ich auf ein baldiges Wiedersehen. Für dann habe ich viele*

Pläne, die ich schnell realisieren werde. Wir werden wieder auf die Beine fallen!

Grüß Gott und auf Wiedersehen

Dein Justin

In derselben Woche schrieb Justin einen weiteren Brief an seine Frau:

7.6.45

Liebste, besten Dank für Deine Päckchen, die pünktlich ankommen. Die Schoko ist sehr wertvoll. Die Hälfte benutze ich immer als Tauschobjekt gegen Wurst, Fett etc, was für mich eine große Beihilfe bedeutet. Manche bekommen hier auch mal kalte Kartoffelplinsen rein, was ein schöner Belag ist, oder Fischklopse. Schicke mir bald was zu rauchen, am besten Tabak, Blättchen und Streichhölzer. Ich kann dann viel tauschen.

In den letzten Tagen mehren sich die Anzeichen einer Freilassung. Unsere Brotration ist vergrößert worden, damit wir etwas mehr zu Kräften kommen sollen. Heute wurden wir gegen Typhus geimpft und haben nun Fieber und Schüttelfrost. Was der Mensch alles aushalten kann, ist unbegreiflich. Falls ich jetzt nach Hause komme, muß ich mich draußen vollkommen ausziehen, auch der alte Anzug ist vollkommen verlaust. Du wirst mich kaum wiedererkennen. Ich bin kahlgeschoren wie ein Sträfling, trage Schnurrbart und Spitzbart, da ich durch die Fabrik des Neuen Menschen gegangen bin. Für nachher habe ich allerhand Pläne, ich werde eine eigene Firma aufmachen. Wir werden schnell wieder obenauf sein, vorausgesetzt, daß es Dir gelingt, mich durch alle 2-stündliche Abfütterung mit Breien (Spinat, Mohrrüben, Kartoffel) in kleinen Mengen wieder hochzubringen. Daß es Euch gut geht, freut mich unendlich. Gott wird helfen!

Auf baldiges Wiedersehen!

Dein Justin

Im Taschenkalender heißt es nur:

Freitag 8.6. *Im Gefängnis*

Mutter beantwortete den Brief umgehend:

Sonnab[en]d, 9.VI.45, Oliva

Mein liebster Justin, ich nehme an, daß dich die Impfung sehr angestrengt haben mag, denn das war doch früher schon so, daß du Typhusimpfungen so schlecht vertrugst, drum fürs Herz ein paar Böhnchen. Deine Sache läuft aber mir zu langsam. Ich sorge mich sehr, seit Sonntag kein Zeichen von Dir. Aber nimm weiter alle Energie zus[ammen] und halte aus. Der Tag kommt. Hast Du eigentlich die Wäsche bekommen, die ich bei der Wache abgab? Von Hanne und Edgar bis jetzt keine Antwort. Ich schrieb vor drei Wochen an Kandziora. Str. hat einen russ. Auftrag und will unseren Peter so als Laufjungen und Gehilfen dabei einspannen: Peter entwickelt fabelhafte praktische Talente und ist mir eine große Hilfe bei allen Besorgungen.-Matthias mehr im Hause und Liesel lasse ich nicht allzuviel heraus. Christoph spricht jetzt soviel und niedlich und fragt am meisten nach dem Vati. „Hol doch den Vati..." gehts immer wieder. Flieder und Schneeball blühen so schön. Das mußt Du noch sehen. Peter Moersheim gehts jetzt endlich etwas besser. Ich freue mich, daß Du wieder Pläne machst, da wird schon alles wieder gut werden. Die ersten Flüchtlinge aus dem Reich kommen zurück, es heißt, daß alle dazu aufgefordert werden sollen. Ulla, die mich am 28.3. schon verließ, ist noch nicht zu Hause angekommen. Gut, daß Anni wieder da ist, denn ich bin nicht mehr so beweglich wie sonst, anscheinend wird man bei der vorwiegenden Suppenkost doch stärker. Exz. und die anderen sind alle wieder da und fragen oft nach Dir. Wir beten viel und hoffen, Dich bald hier zu haben. Aber laufe dann nicht weiter, als ich Dir sagte. Es ist zu anstrengend für Dich. Bitte bald ein Zeichen! P.K. [= Pater Kohle] kommt auch manchmal und ist wieder sehr zuver-

sichtlich. Für heute Schluß. In herzlicher Liebe bin ich immer Deine Maria. Die Kinder lassen alle innigst grüßen.

Wir sollen auch alle geimpft werden.

Am Montag, dem 11.6.1945 schrieb Vater wieder einen Brief an seine Frau:

11/6/45

Liebste Maria! Seit Tagen werden jetzt die Internierten in Scharen entlassen, so daß auch wir die Hoffnung haben, bald dran zu kommen. Aber viell[eicht] hat man wieder Pech und muß nochmals 14 Tage warten. Dabei fressen einen die Läuse und Fliegen auf. Es ist eine unvorstellbare schreckl[iche] Plage. Das Paket mit der Wäsche ist nicht in meine Hände gekommen, trotz vieler Nachfragen, sondern von der Wache unterschlagen worden! Sehr schade, unersetzlich! Mache das nicht mehr. Aber schicke mir ganz regelmäßig Deine Päckchen, sie sind mir eine unendl[iche] Hilfe. Brot braucht nicht zu sein, damit reiche ich jetzt. Aber etwas Aufstrich oder Belag und wenns die kleinste Menge u. das unmöglichste Zeug ist. Bedenke, für 1 Zigarette bekomme ich ein ganzes Kochgeschirr Mittagessen! Ebenso begehrt ist als Tauschobjekt Schoko. Mir geht es soweit ganz gut und ich bin gesund, nur etwas geschwächt. Aber das wird auch wieder werden.

Auf baldiges Wiedersehen!

Dein Justin

Grüße alle Kinder und Anni. Sie sollen Dir viel helfen.

Anscheinend war es ein Problem, Schreibpapier aufzutreiben. Meine Mutter benutzte ein quadratisches Blatt Papier, 20,7 x 20,7 cm, dem die rechte obere Ecke fehlt. Sie beschrieb es dennoch mit Bleistift und in sehr kleiner Schrift:

Di[enstag], 12. Juni 45

Mein Bester, diesmal hat die Verbind[un]g länger gedauert, aber hoffentlich hast Du die Impfung gut überstanden. Wir soll-

ten auch in dieser Woche alle drankommen. Frau Jankmel[?] muß sich sehr ärgern mit ihren eigenen Leuten, sie kommt öfter mal, ihre Bemühungen waren leider umsonst, da Du zur „Disposition“der R[ussen] stehst. Also werden die bearbeitet. Ein neuer Hoffnungsstrahl seit Sonntag. Du wirst sicher noch mal vernommen über Deine Vorhaben nachher und [wirst] Deine Sprachkenntnisse den R[ussen] zur Verfügung stellen müssen oder anbieten. Die P[olen] machen sich keine Freunde. Die Kinder gehen noch nicht zur Schule. L[ebens]mittelkarten gibts noch nicht für uns, nur für P[olen]. Ich muß jetzt in Verbindung mit Grümmers, den ich übrigens die ersten acht Tage mit durchgeschleppt habe, und Burchardt treten, die sich beide lebhaft am schwarzen Markt betätigen und eine Pfd-Note eintauschten. Peter fand mehrere davon in unserem verwüsteten Badezimmer, woher? Ist übrigend Stehnsen [?] auch bei Dir? Von ihm keine Spur. Frau Lührs und Stensen [?] waren neulich hier, möchten gern weg. Ist Dir ein Pilchard bekannt? Von Thiels ist auch keine Spur mehr, nur dass Anni ihn in Graudenz gesehen hat. Aenne Moersh.[heims] Schwager Kirchner hat sich auch noch nicht gemeldet. Überall große Sorge. Dr. Roszkowski ist zurück und behandelt jetzt Peter Moers[heim], dem es jetzt anfängt, etwas besser zu gehen, aber er liegt ganz fest. Wir wursteln so weiter und hoffen auf Dein Kommen. Jetzt stehe ich vor der Aufgabe, einen Backofen im Freien zu bauen. Ziegelsteine liegen genug herum, fehlt noch Lehm und eine Tür und ein Abzug. Zeichne mir doch mal eine Skizze davon. Die Maße sind nicht so wichtig. Unsere jetzige schöne Behausung soll uns wieder genommen werden und für poln. Hochschulprofessoren und Assistenten sein. Dabei steht Linaus Haus und unseres noch leer. Aber das warten wir jetzt ab. Str. hat russische Schutzplakate an der Tür, andere auch. B. Karl Lange, der sich als Poet sehr schön logiert. Die Zigaretten sind ja kümmerlich, die Streichhölzer durch Waschen bei den R[ussen] selbst verdient, jetzt sehr haltbar, gleich dünnes Papier ranhalten, falls sie schlecht zünden. Schoko kommt demnächst mal, heute nur Kuchen. Ich wüßte gern, ob Du die Wäsche bekommen hast, die ich bei der Wache am 3. des

Monats mit Brotscheiben abgab. Die Sache kam mir dort sehr verdächtig vor, da man so eifrig nach bielizna frug. Hier machen wir schon Sachen für Dich zurecht, aber einen Anzug werden wir kaum auftreiben, stehen sehr hoch im Kurs. Du wirst Dich erst umstellen müssen. Der arme Otta[wa] liegt zerschlagen im Krankenhaus. Die Tochter ist inzwischen in einem Auffanglager in der Nähe von Karlsbad. Na es gibt jedenfalls mal Neues. Also sei geschickt und lobe die R[ussen] und binde Dich nicht zu stark, falls Du nochmal vernommen wirst. Komme nur, Du kannst aussehen, wie Du willst. Wir haben alle noch viel. In Liebe Deine Maria u. die Kinder, die Dich herzlich grüßen, ebenso die anderen Bekannten.

In der Woche vom 10.–16.6.45 ist nur ein Eintrag:

Freitag 15.6. *Im Gefängnis*

An diesem Tag, oder am Tag davor, schrieb Vater einen langen Brief an seine Frau. Er schrieb mit Bleistift in seiner gewohnten sehr kleinen Schrift. Diesmal benutzte er ein Blatt Papier mit dem alten Stadtwappen und der Überschrift „Freie Stadt Danzig", was ihm wie ein Hohn vorgekommen sein mag:

Freitag, 14/6/45

Liebste Maria!

Heute bekam ich Dein Päckchen vom Di[enstag,12.6.45], vielen Dank, besonders f[ür] d[ie] 5 Zigaretten. Ich habe selbst nur ½ geraucht, die übrigen gegen doppeltes Mittagessen, Speck, Brotaufstrich etc. getauscht. Seit ich regelmäßig Deine Päckchen bekomme, erhole ich mich sichtbarlich, sagen alle Kumpels, da ich alles gegen mehr Essen etc. verwende. Ich will alles tun, um fest zu bleiben. Alle Ältere fallen um. Bei uns in der Zelle sind schon einige gestorben. Heute hörte ich von Prof. Hoepfers, daß er eben hier eingegangen ist. Die Entbehrungen sind eben fast unerträglich groß. Wochenlang nie an die Luft, Läuse, Fliegen, Gestank, nicht waschen, Hungeressen bis der Appetit weg ist und man nicht mehr kann: dann ist's zuviel und man kippt. Mir geht's jetzt aber besser und ich fühle mich stärker. Schicke mir nur regelmäßig was. Wenn mögl[ich] Tabak, das Kostbarste, was es hier gibt. Viell[eicht] hat PK oder Exc. oder sonstwer etwas! Ich könnte dann Ungeheures tauschen. Hier werden jetzt tägl[ich] 50 – 100 Mann entlassen. Viell[eicht] bin ich auch bald dran, hoffentlich! Aber ich trage alles in christl[icher] Geduld. Wenn Du mir wenigstens eine Hose besorgen könntest, Pullover habe ich ja. Mein Anzug muß sofort über koch[endem] Wasser gedämpft werden 1 Std. lang, dann ist er rein, Mantel habe ich nicht mehr. Viell[eicht] hat Exz. auch seine-schietjen[?] noch 1 schwarze Hose oder sowas ähnliches. Nachher besorge ich mir das schon alleine. Peter soll von dem Konvertiten – Malermeister aus dem Kirchenvorstand-1/2 l Leinölfirnis besorgen. Sobald ich da bin, bastle ich mit ihm Leimruten u. wir werden Stare fangen f[ür] d[ie] Suppe: ganz prima! Für meine Firma habe ich hier schon paar prächtige Leute. Wenn ich nur bald anfangen könnte! Sonst habe ich auch nette Kerls vom Lande, was für nachher gute Beziehungen gibt. Hier ist auch der Sohn vom Olivaer Fl[eischer]-M[eister] Preuß, dem großen Nazi, der hier kurz vor dem Eingehen ist. Der Sohn ist auch Fleischer und hält sich stark an mich. Für später nicht schlecht. Thiel wird nach Russland verschleppt sein, wie Tausend andere auch. Viele werden nie mehr wiederkommen.

Betet viel für mich, daß ich gesund zurückkehre und bald! Dein vorletzter Brief, wo Du von den Kindern berichtest und von Christof, hat mich sehr gerührt und ich mußte viel weinen. Das sind die Nerven! Pilchard liegt im gleichen Gebäude wie ich. Ich war lange mit ihm zusammen. Er wohnt jetzt wohl auch bei Euch? Grüße alle Bekannten, Ex[cellenz], Pf[arrer Behrend], PK[= Pater Kohlen]. Bis 28.6. sollen hier alle raus sein, also hoff[entlich] klappt's bis dahin.

Auf Wiedersehen! Dein Justin

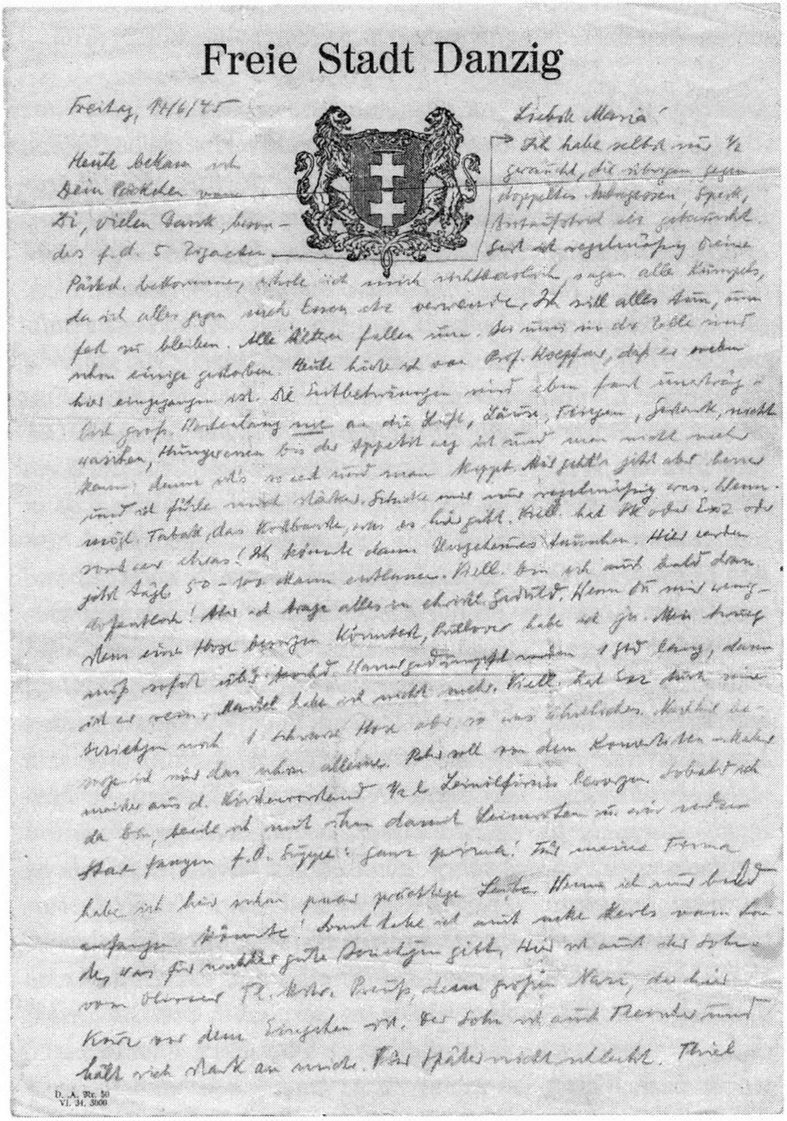
Freie Stadt Danzig

Freitag, 14/6/45

Liebste Maria!

Heute bekam ich Dein Päckchen vom Di, vielen Dank, besonders f.d. 5 Zigarren

Abb. 31: Brief Justin Kleinwächter an Maria, 14. Juni 1945

Donnerstag 2.8. *Frl. Kemmena (?) + Jupp,.Pf[arre]r Behrendt und Peter besuchen Vati.*
Freitag 3.8. *Vati wird verlegt nach Danzig. Peter u. Anni treffen ihn nicht mehr im Genesungsheim.*
Sonnabend, 4.8. *Peter besucht Vati in Danzig. H. Hoffmannvale [?] in den Typhusbaracken der Russen.*

Am 5.8.45 schrieb meine Mutter noch einen Brief an ihren Mann, wieder mit einem Bleistift. Diesmal im Querformat, so dass drei Seiten entstanden. Ob sie den Brief Peter mitgegeben hat, als er Vater am 6. August im Lazarett besuchte? Mutter lag zu dem Zeitpunkt noch im Entbindungshaus in Oliva, wo sie diesen Brief verfasste:

5. Aug. 45

Mein gutes Liebchen, ich freue mich so, daß es Dir besser geht und daß vor allem Dein Appetit von Tag zu Tag wächst. Da wirst Du ja schon ganz anders aussehen, wenn ich Dich besuchen komme. Fein, daß dort die Verpflegung besser u. vielgestaltiger ist. Peter hat mir ausführlich erzählt, als gerade Dr. Roszkowski und Frau hier waren. Die wollen Dich besuchen und hörten dabei von dem kleinen Justinus und kamen hier her. Ist das nicht fein, daß Edelmann kommen wird. Ich freue mich sehr, denn es gibt so viel zu erzählen; ob es richtig ist, daß er die poln. Nationalität erwirbt? Heute ist Edgars Geburtstag. Denkst Du daran? Ich muß noch im Liegen schreiben, denn ich habe immer noch Fieber, das soll von der Placentaablösung kommen.

Nach all den Strapazen bin ich noch sehr schwach. P-K. sollte schon heute abreisen, aber ich rede ihm sehr zu, noch auf Edgar zu warten und lieber mit einem Lazarettzug zu fahren, die sollen durchfahren und nicht so beplündert werden. Hat Du schon Interesse daran, etwas zu lesen? In Danzig sind noch soviel Krankheiten, drum sei recht vorsichtig, daß nicht Fliegen auf Deinen Speisen sitzen. Oliva ist bald leer von allen alten Olivaren, man hört kaum noch deutsch und die letzten besorgen sich auch schon die Scheine. Wir werden dann wohl die allerletzten sein. Frau Smuda ist auch nicht recht glücklich, zumal sie nicht gehen kann und ihr Mann bei der polnischen Eisenbahn-[3.S.]Direktion arbeitet und sein Bekanntenkreis dementsprechend ist. Sie kommt sehr oft zu uns. Auf das viele Zureden, selbst zu nähren, habe ich heute mal angelegt, aber es muß nicht viel gewesen sein, denn das kleine Kind trank nachts noch 50 gr aus der Flasche nach. Ich mache Schluß. Bete auch für uns. Peter wird Dir ja sehr ausführlich über alles berichten und Deine Wünsche nach Hause bringen. Er soll bloß vorsichtig sein, daß sie ihn nicht mal schnappen. Anbei die Karten von Hanne und Edgar. Die soll Peter aber wieder zurückbringen. In herzlicher Liebe und [mit] innigen Wünschen für Deine Genesung küßt Dich dein getreues Weib.

Montag 6.8. *Peter besucht Vati im Lazarett.*
Mittwoch 8.8. *Peter bei Vati. – Ich kann nach Hause, der kl[eine] J[ustin] sehr kräftig und munter.*
Donnerstag 9.8. *Liege noch zu Hause, aber immer noch Fieber.*
Freitag, 10.8. *Peter ist sehr lange bei Vati, sprechen über Rußland, daß wir erst ½ Jahr nach Oppeln sollen.*
Sonnabend 11.8. *Peter besucht Vati in der Baracke. Vati klagt über schlechte Diät. – Ich fühle mich den ersten Tag etwas wohler. Endlich kommen Dr. Roszkowskis das Kindel untersuchen. Ich kann deshalb nicht zu Vati. Leider, leider!*

Hier folgen Notizen meiner Mutter auf einem Blatt Papier, vielleicht geplante Eintragungen für ein Erinnerungsbuch, das aber nie entstanden ist. Die Aufzeichnungen ergänzen, was sie im Taschenkalender knapp festgehalten hat:

10.8.45: Gestern abds. unseren Bischof, die Pfr. Behrend und Lubomski verloren durch Verhaftung von polnischer Seite. Kamen nach Neugarten. Unser letzter Trost geht dahin! Wir erwarten heute noch Edelmann. Herr Koslowski besucht mich. Diagnose nach Augen und Händen. Adaschew bringt Proviant, Brot, Zucker und Fleisch. Peter fährt zu Vati, der hat wieder Durchmarsch gehabt und Fieber. Hoffentlich kein Rückschlag!

12.8. Wir taufen Justinus, Josef, Karl in der Kathedrale zu Oliva, getauft von Pater Kohlen. Paten: Anni Lorenz und Dr. Albin Roszkowski. Edgar war nicht rechtzeitig.

14.8. Die[nstag]: Frau Thiel läßt sich verabschieden, fährt mit Lazarettzug. Karte von Edgar, seine Papiere noch nicht zus[ammen]. Wir erwarten Adaschew mit Nachricht von Vati. Matthias geht mit Dr. Roszkowski zu Vati. Ob er vorgelassen wird?

Der Notizkalender enthält über diese Zeit weitere Hinweise. Mutter trug sie mit Bleistift in die Tagesfelder ein – kaum zu entziffern, aber Momentaufnahmen, die sich in Mutters Gedächtnis eingeprägt haben. Wann sie diese Notizen eingetragen hat, weiß ich nicht. Der Taschenkalender gehörte zu dem Bündel abgetragener Kleidungsstücke, die Vater bis zuletzt getragen hatte. Es ist ein Wunder, dass das Büchlein erhalten ist. Mit ihm zusammen steckte in einer Tasche ein Bleistiftstummel und eine kaum fingernagelgroße Spiegelscherbe. Das ist das, was Vater bei sich trug, ein Vermächtnis. Die Kleidungsstücke haben wir verbrannt, um einer Infektion vorzubeugen. Den Bleistiftrest und die winzige Spiegelscherbe besitze ich noch.

Abb. 32: Eintragungen von Maria Kleinwächter im Taschenkalender, 12.–18. August 1945

Mutters Eintragungen im Notizbuch 1945, das Vater in diesem Jahr begleitet hat:

[Ab hier Eintragungen von Maria Kleinwächter]
Sonntag 12.8. *Taufe von kl. Justinus Josef Karl.*
[Ein Brief vom 13.8.45 von Maria an Justin, unleserlich, den Justin nicht mehr erhalten hat.]
Montag 13.8. *Unser geliebter Vati stirbt, ohne uns, ganz verlassen, anscheinend morgens ½ 4 Uhr, ohne Bewußtsein. Gott lohne ihm seine große Liebe!*

[Die folgenden Einträge sind kaum entzifferbar. Ich versuche es trotzdem]
Dienstag, 14.8. *Dr. Roszkowski muß uns Vatis Tod berichten. Matthias kommt mit der Trauer um seinen Vati...[?] Wenn bloß Edgar käme!*
Mittwoch 15.8. *Ich erfahre von Justins Tod Näheres von der Schwester und dem Arzt: Paratyphus und völlig verhungert. Adaschew will uns nach Zoppot bringen. – Ich finde diesen Kalender in Vatis verlauster Wäsche und führe ihn weiter.*
Donnerstag, 16.8. *Ein poln. Leutnant kommt von Edgar, Josef Niedwicz [?]*
Freitag, 17.8. *Dr. Roszkowski exhumiert Vati. Matthias und ich holten Vati vom alten Hl. Leichnams-Friedhof...auf einem Pferdewagen......Brettersarg...... Eine furchtbare letzte Reise mit dem geliebten Mann*
Sonnabend 17.8. *Requiem. 4 Uhr nachmittags lateinische Beerdigung-Exequien, gesungen von Edgar und Vikar Trzebiatowski, Grabrede Prälat Behrendt und Pater Kohlen. Nachher Prof. Stremme und Frau Lührs, Koszkanskis, Jankowiak, Frau Schilling. Grabrede Prälat Sporn [?]... Kaffee. Freitagnachts kam Edgar. Eine große Freude in unserem Schmerz.*

Dies ist der letzte Brief, den Mutter am 13.8.45, dem Todestag ihres Mannes, geschrieben hat. Als sie ihn verfasste, war Justin bereits tot.

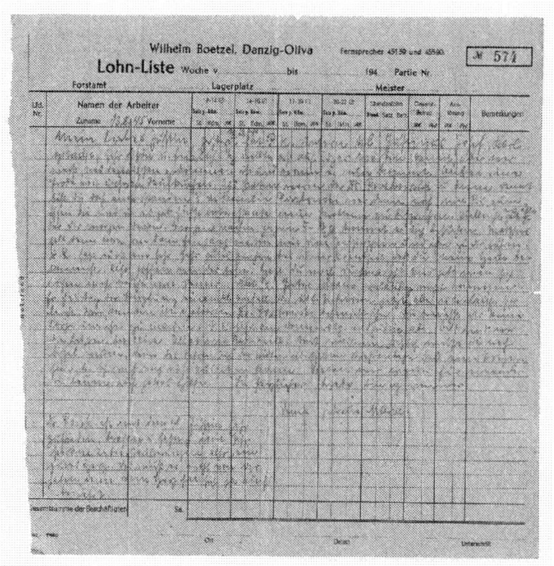

Wilhelm Boetzel, Danzig-Oliva

Lohn-Liste

Forstamt Lagerplatz Meister

Namen der Arbeiter

Abb. 33: *Brief von Maria Kleinwächter an Justin, 13. August 1945*

13.8. Mein lieber Justin, gestern um 12 Uhr hat P. K. unseren kleinen Justinus Josef Karl getauft. Sehr schön und feierlich. Ich wollte erst auf Edgar warten damit, aber wer weiß, was dazwischen gekommen ist und wann Edg...... kommt. Anbei eine Probe von unserem Taufkuchen. Als Paten waren da Dr. Roszkowski und Anni. Damit bist Du doch einverstanden? Die Familie Roszkowski war dann noch mit P. K. zum Essen bei uns. Es gab ......neue Kartoffeln.....[Unleserlich]... Hast Du noch Durchmarsch?......Peter kann vorläufig nicht kommen. Er hat von der Impfung Fieberanfälle....P.K. fährt am Donnerstag endgültig ab. Bald sind wir die Letzten in Oliva.....den nächsten Besuch mußt du noch bissel warten. Dr. Roszkowski ist mit dem kl. Justin sehr zufrieden. Kräftig und sehnig und mit sehr starken Lebensäußerungen. Also ein gutes Herz. Das muß er wohl von Dir haben. Denn Dein Herz hat sich ja auch.... beruhigt....

In herzlicher Liebe bin ich Deine getreue Maria

Wenn ich nur den Inhalt dieses Briefes zu analysieren versuche, drängt sich mir immer mehr die Gewissheit auf, dass Mutter meinen Vater nicht mehr gesehen hat, weder vor seiner Verlegung in die Typhusbaracke und auch nicht danach. Sie schrieb an keiner Stelle, wie sehr sie der ausgemergelte Körper ihres Mannes erschüttert hat, dem man schon im Juli ansehen konnte, dass er mit dem Tode rang. Auch dass wir Kinder den Vater alle reihum besucht haben, halte ich für ausgeschlossen. Ich erinnere mich nur an einen Besuch zusammen mit meinem 13-jährigen Bruder Peter: Vater wollte so gern noch einmal in dem Korbsessel sitzen, der neben einem Tischchen an seinem Bett stand. Er war nicht in der Lage, aufzustehen. Peter und ich haben ihn auf den Sessel getragen und dann wieder zurück in sein Bett gelegt; ein mageres Knochenbündel. Dass es unser Vater war, erkannte ich nur an seinen Augen. Dass Ria oder der kleine Christof Vater besucht haben, halte ich allein wegen des Fußweges bis zum Genesungsheim für ausgeschlossen. Ich denke, Mutter hat diese Einträge aus ihrer Erinnerung notiert, vielleicht, um uns Kindern, die wir alle genannt sind, später ein gutes Gefühl zu geben, weil wir offenbar unseren todkranken Vater noch einmal gesehen haben. Die Rolle von Peter ist dabei eine ganz besondere: Er war der Mann im Hause mit seinen noch nicht einmal ganz 13 Jahren, da er erst im November Geburtstag hatte. Er machte die Besuche bei Vater und hielt den Kontakt zur russischen Kommandantur, um die Passierscheine zu besorgen.

Mutters Brief an ihren Mann ist für einen gesunden Menschen kaum zu entziffern, geschweige denn für einen kranken, wie meinen Vater. Und das, was sie ihm erzählt, scheint mir in keiner Weise auf ihn abgestimmt zu sein. Mutter war ja damals zwar in einer schwierigen Situation, aber sie hatte unser Kindermädchen Anni bei sich. Damals wohnten wir in der Erdgeschosswohnung des Hauses von Frau von der Marwitz. Die erste Etage war noch voll eingeräumt und nicht ausgeplündert.

Ich erinnere mich, dass ich mir aus einem Wandbehang über einem Sofa einen Rock nähte, den ich aber nicht anziehen durfte, weil ich darin zu erwachsen aussähe, wurde mir erklärt. Ich hatte mich mit sechs geschliffenen Weingläsern aus dem Bestand der Frau von der Marwitz einmal auf den Marktplatz gesetzt, wo der „Wolny Handel“, der Freie Handel, stattfand. Tatsächlich kaufte mir eine Frau die Gläser für ein paar Zloty ab. Das Geld reichte gerade für ein großes Stück Mohnkuchen, das ich beim polnischen Bäcker kaufte. Ich glaube, dass ich es ganz allein verspeist habe, ohne etwas an den Rest der Familie abzugeben. Dieses Gefühl, für mich selbst sorgen zu müssen, war damals eine Überlebensstrategie. Das Gefühl, sich richtig sattessen zu können, war damals selten genug. Zwar wurde immer irgendein Eintopf gekocht, aber meist nur mit Gemüse, das wir im Garten von Frau von der Marwitz fanden. Ich hatte immer mal den Auftrag, Sauerampfer, Brennnesseln und anderes essbares Grünzeug zu sammeln, das dann in den Suppentopf wanderte. Der Garten grenzte an eine Mauer, in der ein großes ebenerdiges Loch war, durch das man in den botanischen Garten vom Kloster Oliva klettern konnte. Als ich das einmal versuchte, gab der Boden unter mir nach und ich stand bis zum Knie in dem Kadaver eines Pferdes, das dort wohl bei den Kämpfen umgekommen war und jetzt, kaum durch allerlei Unkraut verdeckt, vor sich hin rottete.

Als Dr. Roszkowski mit den sterblichen Überresten meines Vaters ankam, wurden sie in einen einfachen Holzsarg gelegt, den ich mit den dunkelblauen Blüten der Clematis ausgekleidet hatte, die überschwänglich am Haus wucherten. Meinen toten Vater habe ich nicht mehr gesehen. Ich kann mich auch nicht erinnern, wie damals die Beerdigung stattgefunden hat, wer die Ansprachen gehalten und was darin über Vaters Leben zusammengetragen worden war. Damals fühle ich mich völlig leer, sah mir von außen bei allem Tun zu, als betrachtete ich ein mir unbekanntes Wesen. Ich denke heute, dass wir alle traumatisiert waren; aus der Zeit gefallen, die wir gerade erlebten, aber überhaupt nicht verstanden, und auch nicht realisieren konnten, was mit uns geschehen war und mit den Menschen, die wir bisher als unsere Leitbilder erlebt hatten.

Entscheidung zur Flucht

Mutters Einträge im Notizkalender 1945 zeugen von ihrer existenziellen Unsicherheit, wie es jetzt mit der Familie weitergehen sollte:

Sonntag 19.8. *Wir besprechen die nähere Zukunft mit Edgar, Pater Kohlen und Dr. Roszkowski. Nach Oppeln oder ins Reich?*
Montag 20.8. *Große Ungewißheit ... Hin und Her. Wo sollen wir hin? Am Besten wäre es, wenn Edgar auch ins Reich käme.*
Dienstag 21.8. *Bei Adaschew die Abreise am Freitag besprechen.*
Mittwoch 22.8. *Große Packerei und Verkaufen von Sachen.*
Donnerstag 23.8.-*[leer]*
Freitag 24.8. *Für 4000 Zloty allerlei Möbel verkauft. Das Auto können wir abholen [??], es ist aber kein Platz für uns, wir warten, die Wohnung leer, der Zug fährt ohne uns, Frau Kirchner und Frau Lührs wollen sich anhängen. Adaschew läßt sich entschuldigen, Befürchtungen wegen Rußland.*
Sonnabend 25.8. *Abends kommt Dr. Behrend aus dem Untersuchungsgefängnis. Umzug ins Pfarrhaus. Frau Dr. Grimiatow [?.] Tgl. am Grabe, Abschied von unserem geliebten Vati*
Sonntag 26.8. *Vatis Grab ist sehr schön und mit Steinen befestigt und ein Kreuzel mit Inschrift.*
Montag 27.8. *Matthias bekommt auch Fieber. Hoffentlich nicht Typhus. Vati 14 Tage tot. Im Remter sehr kalt.*
Dienstag 28.8. *Abreise wurde auf Freitag verschoben. Aber wir werden wohl nach Oppeln fahren.*
Mittwoch 29.8. *Liesels Geburtstag. Wir sind wahrscheinlich den letzten Tag in Oliva. Niedzella bemüht sich mit Edgar um unsere Reisebescheinigungen.*
Donnerstag 30.8. *25 Gepäckkisten. Niedzella bringt uns mit Auto zur Bahn. Ich verabschiede mich von Adaschew und bekomme einen russischen Schutzbrief für die Reise. Frau Lührs und Frau Kirchner bedauern sehr, dass ich nicht mit ihnen fahre. Adaschew gibt noch 27 Brote, Zucker und Konserven. Schnelle*

Abreise. Agnes Krause begleitet uns bis zum Zug. 5:30 Uhr Abfahrt. Abschied von Danzig.

Freitag 31.8. *Extra Abteil 2. Kl., nachts mit Wanzen. Russen wollen in Bromberg eindringen, aber es gelingt ihnen nicht. Früh ¾ 7 Uhr stirbt in meinen Armen unser kleiner goldiger Justin und geht zu seinem Vater. Herr Gott, Dein Wille geschehe! Was willst Du noch?*

Sonnabend 1.9. *In Oppeln gut angekommen mit Station in Komorowka. Justin, 4 Wochen alt, wird begraben von Edgar hinter der Peter und Paul-Kirche in Oppeln. Ich bin so traurig! Wenn wir bloß eine Weile im Pfarrhaus in der Geborgenheit bei Hanne und Edgar bleiben könnten. Ich fühle mich nach all den schweren Monaten so schutzbedürftig. Gott helfe uns!*

In meiner Erinnerung wurden wir nachts zum Zug gebracht und in ein Zugabteil für sechs Personen verfrachtet, was bedeutete, dass wir gequetscht auf der Bank und auf dem schmalen Gang im Abteil saßen. Anni war bei uns und Mutter, die den Korb mit dem Baby neben sich auf dem Sitz stehen hatte. Edgar war nicht mit uns gefahren. Wir mussten die Abteiltür von innen verriegeln und die Tür- und Fenstervorhänge zuziehen. Da keiner von uns das Abteil verlassen konnte, wurde die Toilette durch ein Kindertöpfchen ersetzt, dessen Inhalt zum Fenster rausgekippt wurde. Wir hatten uns still zu verhalten, denn uns wurde gesagt, dass es sich um einen polnischen Militärzug handelte, in dem wir unterwegs waren. Als der kleine Justin starb, haben wir das gar nicht bemerkt, weil er die ganze Zeit nicht geweint hatte. Wir glaubten, er schliefe in seinem Körbchen.

In Kanowka mussten wir aussteigen mit all unserem Gepäck, das wir auf dem Bahnsteig auf einen Haufen legten. Der Korb mit dem toten Baby wurde oben drauf gestellt. Anni sollte alles bewachen und wenn jemand ihr zu nahekommen würde, sollte sie laut rufen „Typhus! Typhus!“. Wir verließen für etwa zwei Stunden den Bahnhof und fuhren mit einem Pferdewagen zu einem polnischen Offizier, der hier zu Hause war. Wir konnten uns waschen, bekamen etwas zu essen und wurden anschließend wieder zum Bahnhof zurückgebracht, wo wir unsere Anni fanden, die heilfroh war, uns alle wiederzusehen.

Ich kann mich nicht erinnern, dass wir mit dem Zug bis nach Oppeln gefahren sind. Ich denke, dass wir mit einem Pferdewagen das letzte Stück bis zum Pfarrhaus Peter und Paul in Oppeln zurückgelegt haben. Wir schleppten alle mitgebrachten Habseligkeiten in das geräumige Billardzimmer im Keller des Pfarrhauses. Der große Billardtisch diente als Ablage für all das Zeug, was wir mitgeschleppt hatten. Das geräumige und früher so gepflegt und elegant aussehende Pfarrhaus hatte den Ansturm der russischen Eroberung und der polnischen Herrschaft schwer lädiert überstanden. Der ehemalige Glanz war dahin, eine Kaplansunterkunft war von den Russen als Abort benutzt worden, Edgar, der bisherige Pfarrer von Peter und Paul, war zum Hilfsgeistlichen degradiert worden und hatte einem polnischen Pfarrer Platz machen müssen. Luzie, die Haushälterin in der Pfarrei, war noch da, alt geworden und blass aussehend in ihrer schlesischen Tracht, einem schlichten schwarzen bodenlangen Kleid, über dem sie immer eine blütenweiße Schürze trug.

Tante Hanne muss auch Schlimmes mitgemacht haben. Sie hatte eine einseitige Gesichtslähmung davongetragen, die sich später nur langsam zurückgebildet hat. Kapläne gab es nicht mehr, die waren eingezogen worden; einer ist gefallen. Und jetzt waren wir da, zwei Erwachsene, sieben Kinder zwischen 4 und 15 Jahren und ein toter Säugling. Der wurde gleich am Morgen an der hinteren Kirchenwand begraben. Im Hof hatten sich Russen einquartiert und dem Pfarrhaus gegenüber residierte die Bespiczinstwo, die polnische Geheime Staatspolizei. Wir befanden uns also auf vermintem Gebiet. Edgar durfte in der Kirche nur Polnisch sprechen und Anni, die gut Klavier spielen konnte, machte sich mit der Kirchenorgel vertraut und begleitete die Lieder im Gottesdienst. In der Weihnachtszeit stand ich oft neben ihr auf der Orgelbühne und sang die polnischen Weihnachtslieder mit, von denen viele vertraute Melodien hatten. „Czichei notsch, swenta notsch" gehörte dazu, nur klang das „Stille Nacht, heilige Nacht" irgendwie falsch und deckte sich nicht mehr mit Bildern, die einer verschwundenen Vergangenheit angehört hatten.

Aber ich greife vor, denn zuerst galt es, uns irgendwie möglichst unsichtbar im Haus unterzubringen. Zu Edgars Freundes- und Bekanntenkreis gehörte eine Reihe von Geistlichen, die wie er nicht geflohen waren, sondern bei ihren Gemeinden ausgeharrt hatten. Mutter hat einige von ihnen besucht und ist dort sehr herzlich aufgenommen worden. Da Mutter meist Peter mitnahm, kann ich mich nur an ein Schweineschlachtfest erinnern bei Pfarrer Rollnik in Schirokau, wo in großen Bottichen Wellfleisch brodelte und pralle Wellwürste garten. Das hatte ich noch nie erlebt, dass so viel Essbares an einem einzigen Tag zubereitet und haltbar gemacht wurde. Ober Gottschalk, der bei Onkel Edgar Oberkaplan gewesen war und jetzt in Sborowszie Pfarrer war, nahm Peter für einige Wochen in sein Pfarrhaus auf, um Mutter zu entlasten. Onkel Ober, wie wir Kinder ihn nannten, hatte am gleichen Tag Geburtstag wie unsere Mutter. Er wurde 38 Jahre alt, meine Mutter 40. Für sie war das, was mit ihnen geschah und was um sie herum passierte, eine völlig neue Erfahrung.

Mutter fühlte sich dennoch im November 1945 in Oppeln wie auf einer Insel des Friedens – und das bei aller Unsicherheit, die damals überall herrschte. Niemand wusste, wie es weitergehen würde. Immer noch wurden Wohnungen, in denen Deutsche lebten, plötzlich geräumt und von polnischen Vertriebenen als neues Wohnquartier in Beschlag genommen. Dann war endlich eine Nachricht aus Waldenburg von den Großeltern Kleinwächter gekommen. Zwar hatten sie überlebt, hatten aber ihre Wohnung verloren und waren bei den „Grauen Schwestern“ in einem Zimmerchen untergekommen. Großvater Kleinwächter ging es gesundheitlich sehr schlecht, da es kaum etwas zu essen gab.

Onkel Edgar hatte immer mehr Probleme mit seinem polnischen Amtsbruder, dem auch der Aufenthalt von Edgars deutscher Verwandtschaft im Pfarrhaus ein Dorn im Auge war. Im Winter besuchte ich für einige Wochen eine polnische Schule, eine Feigenblattaktion, um zu demonstrieren, dass man sich den polnischen Anordnungen nicht widersetzte.

Anfang Dezember 1945 kam ein neuer Vikar in das Pfarrhaus Peter und Paul. Es war Vikar Wyczisk. Er sprach Deutsch und unterstützte meinen Onkel, der sich entschlossen hatte, für Polen zu optieren, um seinen Gemeindemitgliedern Halt und Stütze zu geben, die ihre Heimat nicht verlassen wollten. Freiwillig wollte das niemand der Deutschen tun, die immer noch hofften, ihre Heimat und ihr angestammtes Wohnrecht nicht zu verlieren. In Mutters Tagebuchnotizen finden sich Spuren dieser Unsicherheit und Verzweiflung. Nach Weihnachten 1945 wurde es immer klarer, dass es nicht mehr darum gehen würde, an alten Heimatrechten festzuhalten, um dableiben zu können. Jetzt hieß es, als Deutsche sich dem polnischen Staat zu beugen, um in der Heimat bleiben zu können oder aber diese zwangsweise verlassen zu müssen.

Die Einträge in Vaters kleinem Notizkalender, den Mutter weiter benutzt, werden immer spärlicher:

Montag 3.9. *In Lendzin gewesen, abds Fieber und schlimmen Finger. Edelmann muß nach Breslau.*
Dienstag 4.9. *Fieber38,5°. Finger ist auf und Schmerzen lassen nach. An Aenne [= Moersheim] und P.K [Pater Kohlen] geschrieben.*
Freitag 14.9. *Mit Edgar und Peter zu Ober Gottschalk nach Sorowski /Schniewald [?] zum Ablaß gefahren. Sehr gut und lieb aufgenommen.*
Sonnabend 15.9. *Christofs 4. Geburtstag. [Fest] 7 Schmerzen Mariä.*
Sonntag 16.9. *Ablaß gefeiert mit Gemüse und Kalbsbraten, friedensmäßiges Fest.*
Montag 17.9. *Onkel Ober rührend gut. Vati Geburtstag! Ohne ihn. Herrgott, gib mir Kraft, es wird immer schwerer.*
Dienstag 18.9. *In Schirokau bei Pf Rollnik.*
Mittwoch 19.9. *Rückreise. Furchtbare Zustände auf Bahnhof Lublinitz.*
Donnerstag 20.9. *Aus Waldenburg kommt noch immer keine Nachricht. Wo mag Hans und Olaf sein? Das Polnisch ist gar zu schwer zu lernen.*
Freitag 21.9. *Die Jungs machen gute Fortschritte in Latein bei Rat Hösel.*
Sonnabend 22.9. *Hier auch täglich Evakuierungen aus deutschen Wohnungen.- Der 1. Brief aus Berlin von PK. Ich freue mich sehr darüber.*

Sonntag 23.9. *Meine Angst vor der Zukunft ist groß.*
Dienstag 25.9. *Post mitgegeben an P.K., Kühnels, Lührs, Else Göttker.*
Montag 15.10. *Endlich Nachricht aus Waldenburg, die Eltern leben.*
Montag 22.10. *Wie soll das Leben ohne meinen Justin werden?*
Donnerstag 25.10. *Dekan Kobiezyetki zieht zu St. Maria.*
Sonntag 28.10. *Die Kinder haben sich alle gut erholt. Wir sind immer noch am Überlegen, was tun, wohin und wann.*
Donnerstag 8.11. *Mit Hanne bei Onkel Ober Gottschalk, erst Schweineschlachten in Schirokau bei Pfr. Rollnik, zu Fuß im Dunkeln nach Sorowski. Peter freut sich riesig und umarmt die Mutti immer wieder.*
Freitag 9.11. *Mein 40. Geburtstag. Ohne meinen Justin. Onkel Ober feiert seinen 38. [Geburtstag]*
Sonnabend 10.11. *Wir leben wie auf einer Friedensinsel. Peter hatte doch Sehnsucht nach uns und möchte gern zurück, aber er bleibt auch gern.*
Dienstag 13.11. *Rückfahrt mit Hindernissen.- Ausführliche Post unserer Eltern.*
Donnerstag 15.11. *Viel Ärger mit Borez. Edelmann verliert alle Lust.*
Sonntag 2.12. *Der neue Vikar Wycisk aus Beuthen kommt.*
Freitag 14.12. *1. Brief von Dr. Röskau. Wir sollen baldmöglichst nach Berlin kommen, um von dort aus ins engl. Gebiet zu gehen.*
Sonnabend 22.12. *Peter kommt überraschend aus Sorowski. Wir freuen uns sehr. Er bringt richtige Butter mit.*
Sonntag 23.12. *Große Schwäche durch dollen Blutverlust. Werde mich wohl... [Der Satz wird nicht beendet.]*
Montag 24.12. *Das 1. Weihnachtsfest ohne unseren Vati. – Liebster, wie war das Leben reich und schön an deiner Seite, selbst in den schweren Jahren. Mein Gott, was hast Du mit uns vor?*
Donnerstag 27.12. *Wir werden wohl bald losgehen, reden jedenfalls viel davon, aber wie?*
Sonnabend 29.12. *Das schlimmste Jahr meines Lebens geht zur Neige – Herrgott, gib mir nur Kraft fürs neue.*

Vertreibung und Neuanfang im Münsterland

An die Wochen, mit denen das Jahr 1946 begonnen hatte, habe ich nur wenige Erinnerungen. Eine davon war die, als ich mir bei einem polnischen Friseur die langen Zöpfe habe abschneiden lassen, die ich bis dahin getragen hatte. Eine kleine Wasserwelle kräuselte das Haar, das nun in Schulterhöhe endete. Ich war ein neuer Mensch geworden, musste mich an mich erst gewöhnen, fühlte mich, als hätte ich mit den abgeschnittenen Zöpfen auch meine Kindheit verloren. Im Januar hatte ich mir aus einem kleinen Büchlein mit lauter leeren Seiten einen Taschenkalender gebastelt. Mit Bleistift hatte ich die Tagesfelder eingezeichnet und auf diese Weise einen Kalender erstellt, der bis Ende August Platz für Notizen bot. Der Kalender begann nicht am 1.1.1946, sondern erst am Sonntag, dem 13.1.1946. Ob ich je vorher Buch geführt habe über das, was mich bewegte, weiß ich nicht, vermute aber, dass ich Notizen gemacht habe, wann und wie lange das Ereignis der Monatsblutungen stattgefunden hatte. Das war für ein Mädchen damals der Hinweis auf eine seltsame Veränderung, die im eigenen Körper vor sich ging, auf die man keinen Einfluss zu haben schien. Trotzdem stellte ich im Januar fest, dass die Periode ein halbes Jahr ganz ausgeblieben war. Mein Körper hatte auf die vergangenen Monate reagiert und sozusagen den Atem angehalten.

Abb. 34: Handgefertigtes Tagebuch von Elisabeth Kleinwächter, 1946

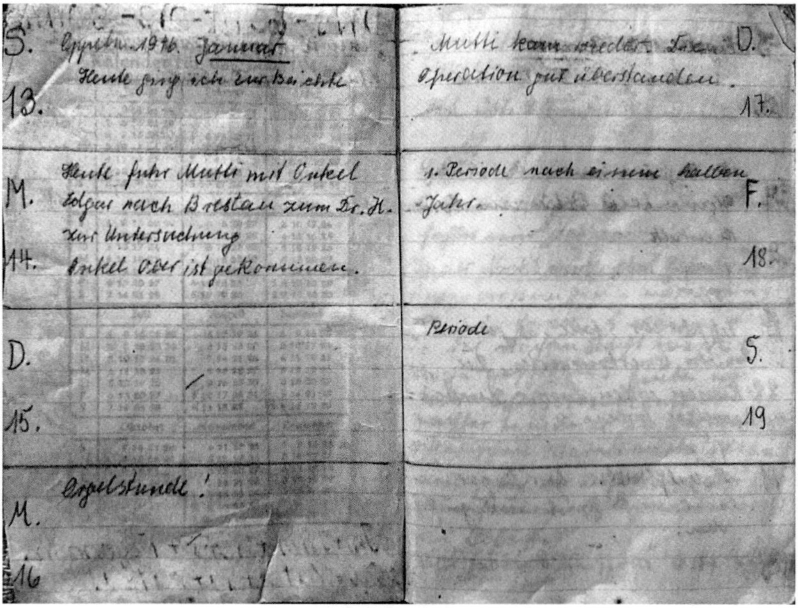
S. 1946 Januar
Heute ging ich zur Beichte
13.
M. Heute fuhr Mutti mit Onkel Edgar nach Breslau zum Dr. H. zur Untersuchung
14. Onkel [illegible] ist gekommen.
D.
15.
M. Orgelstunde!
16
Mutti kam wieder. Die Operation gut überstanden. D.
17.
1. Periode nach einem halben Jahr. F.
18.
Periode S.
19

Abb. 35: Tagebuch von Elisabeth Kleinwächter, 13.–19. Januar 1946

Merkwürdig ist, dass nun dieser selbstgebastelte Kalender mit den Notizen einer 15-Jährigen die Chance bietet, 74 Jahre zurückzublicken und durch meine damalige Wahrnehmung eine verloren geglaubte Zeit wiederzuentdecken.

Im Folgenden stütze ich mich auf die Eintragungen in diesem Kalender. Was war wichtig genug, um eingetragen zu werden? Das waren Beobachtungen im Lebensumfeld, Erlebnisse in der Schule, Erfahrungen mit dem Musikunterricht am Harmonium, und immer wieder eine Bemerkung über die Erfüllung religiöser Gewohnheiten und Pflichten. Über meine Geschwister erfahre ich in diesem Kalender sehr selten etwas. Jeder von uns machte seine eigenen Erfahrungen und musste selbst sehen, wie er damit zurechtkam.

In der polnischen Schule waren auch andere schlesische Mädchen mit mir zusammen. Ausgrenzung war an der Tagesordnung, denn natürlich sprach kaum eine von uns Polnisch. In Mathe konnten wir mithalten, denn da ging es um Zahlen und Aufgaben, die uns vertraut waren. Eine Schulfeier anlässlich der Befreiung des unterdrückten Schlesiens durch die Polen kam uns sehr sonderbar vor. Den Besuch einer Schulärztin, die von uns verlangte, uns für eine Untersuchung erst einmal alle zusammen splitternackt auszuziehen, fanden wir ziemlich grässlich und schämten uns voreinander, was wiederum als speziell deutsches Verhalten angeprangert wurde: *Nebenbei zur Schulärztin. Es war halb so schlimm. Unsere Dyrektorka äußerte den großen Mädeln gegenüber, die sich nackt ausziehen mußten, ein Poln. Mädchen schämt sich nicht, das sei deutsche Art, vor Jungens würde sie das noch verstehen, aber es wär schließlich auch menschlich!!* (Eintrag vom 11.2.1946) Im Pfarrhaus wurde versucht, einen Hauch von Normalität aufrecht zu erhalten. Dazu gehörte auch die Unterrichtsstunde am Harmonium, die Anni und ich zweimal wöchentlich von einem alten Herrn erhielten, der ernst und hingebungsvoll versuchte, uns die Bespielbarkeit dieses Instruments beizubringen.

Mutter machte eine schwierige Zeit durch. Zwar lag Vaters tragischer Tod nun schon mehr als vier Monate zurück und Geburt und Tod des kleinen Justin ebenso lange, aber der Verlust der beiden Justins hatte eine verzweifelte Leere hinterlassen und eine drückende Ungewissheit, wie es weitergehen solle. Mutter musste sich bei dem Gynäkologen Dr. Hergesell in Breslau einer Operation unterziehen, die sie einige Tage in Breslau festhielt. Die Hergesells waren gute Freunde von Edgar und Hanne, die sich ihrerseits deren Tochter Erika annahmen, die einige Zeit auch im Pfarrhaus untergebracht war. Inzwischen war es Februar geworden. Mutter hatte sich noch immer nicht richtig erholt. Mitte Februar notierte ich, dass sie immer noch krank war. Was ihr fehlte? Alles! Ihr Mann, das Neugeborene, die verlorene Sicherheit der eigenen vier Wände, die ja längst und länger als ein Jahr nicht mehr da war. Wären Edgar und Hanne nicht so unglaublich hilfsbereit gewesen, wo wären wir gelandet? Es hätte nicht viel gebraucht, so wären wir in Russland auf Nimmerwiedersehen verschwunden, vielleicht längst verhungert oder auf der Flucht umgekommen. Nun war das alles nicht geschehen. Dass wir in Oppeln gelandet waren, war ein Wunder, das wir alle nur Gott zu verdanken glaubten.

Beten, beichten, bereuen und wiedergutmachen durch erneutes

Beten, durch Besuch des Gottesdienstes und Durchhalten bei einer Novene und immer wieder überlegen, wie Gott freundlich zu stimmen sei, das beschäftigte und beängstigte uns. Die Sicherheit im Glauben hatten wir längst verloren. Edgar hatte große Probleme mit dem polnischen Geistlichen, der offiziell nun die Amtsgeschäfte in der Pfarrei Peter und Paul übernommen hatte. Erst als er nach St. Marien in Oppeln versetzt wurde und Kpl. Wyczisk aus Beuthen in das Pfarrhaus kam, besserte sich das Verhältnis zwischen den Amtsbrüdern zusehends. Es gab auch immer wieder Einladungen zu befreundeten Pfarrmitgliedern, die wir zwar nicht kannten, bei denen es aber Kuchen und Schnittchen gab, also Herrlichkeiten, die mich jedes Mal begeisterten. Immer wieder wurde von der Abreise gesprochen, denn inzwischen waren die Gerüchte zur Gewissheit geworden, dass nur der in Schlesien bleiben dürfe, der Pole wird. Alle anderen würde der polnische Staat vertreiben.

Das Pfarrhaus Peter und Paul in Oppeln war so eine Art Insel des Friedens und der Hilfsbereitschaft. Hier tauchte auch Tante Elisabeth Nerlich am 19.2.1946 auf. Sie war eine Cousine meiner Mutter und dazu meine Patentante. Vater hatte sie sehr geschätzt, da sie viel zur Erforschung der Familiengeschichte beigetragen hat, als es darum ging, einen Ariernachweis zu erstellen. Sie war die erste Frau in der Familie, die einen Doktortitel erworben hatte, war unverheiratet geblieben und lebte mit ihrer Mutter zusammen in Görlitz. Später wurde sie auf meinen Wunsch hin trotz ihres schon höheren Alters Patin meiner Tochter Christiane, der ich mit dieser akademisch gebildeten Frau ein Vorbild an die Seite stellen wollte.

Für Polen zu optieren war für meine Mutter keine Option. Doch wir hatten keine Verwandten im Westen. Mutter hatte eine Kollegin aus der Zeit, als sie an der Waldschule in Kassel beschäftigt war. Diese Else Burlage war mit einem Rechtsanwalt Göttger-Schnetmann in Greven verheiratet. An sie hatte sich Mutter bereits mit einem Brief vom 25.9.1945 gewandt, den sie Reisenden nach Berlin damals zur Weiterbeförderung mitgegeben hatte. Ob sie eine Antwort erhalten hat, weiß ich nicht.

Im Pfarrhaus war eine ziemliche Unruhe, denn seit Tagen hatten wir schon alles zusammengepackt, was uns auf die Reise in den unbekannten Westen begleiten sollte. Am 24. Februar sollte Mutter mit den drei großen Jungen und mir schon mal mit dem Zug nach Breslau fahren. Ich konnte dann doch nicht mit, weil ich Fieber hatte. So fuhr Mutter mit den Jungen allein, unter ziemlichen Strapazen. Anni, Ria, Michael, Justin und ich warteten im Pfarrhaus darauf, dass wir auch zu Mutter nach Breslau fahren konnten. Anni und ich hatten eine letzte Harmoniumstunde, besuchten einen englischen Kinofilm und nahmen an der Geburtstagsfeier eines Gemeindemitgliedes teil, bei dem die Torte den größten Eindruck bei mir hinterlassen hat. Am 1.3.1946 machte ich die Bodenkammer im Pfarrhaus gründlich sauber, denn in der hatten die drei Jungen bisher gehaust, die schon mit Mutter nach Breslau vorgefahren waren. An dem Tag kam auch das Telegramm aus Breslau an, in dem uns Übriggebliebenen mitgeteilt wurde, dass wir sofort nach Breslau kommen müssten. Ein Oppelner, der uns als englischer Soldat begleitete, hat uns zur Bahn gebracht, wo wir in einem Gepäckwaggon Platz fanden.

In Breslau waren wir bei den Ursulinen auf der Dominsel untergebracht, und zwar mit vielen anderen Personen in der Aula des Gebäudes. Am Sonntag, dem 3. März stöberte ich über die Dominsel, die ein Trümmerhaufen war. Vom Fenster des Ursulinenklosters aus sah ich eine lange, ständig anwachsende Menschenschlange, die sich mit Gepäck offenbar in Richtung Bahnhof bewegte. Das sah gespenstisch aus, und wenig später waren wir auch Teil dieses Trecks, in den wir uns am Montag, dem 4. März einreihen mussten und schließlich in einem Viehwaggon gelandet waren, wo wir zu 30 Personen samt unserem Gepäck eine Ecke fanden, in der wir uns zusammenkauerten. Ein Kanonenofen in der Mitte des Waggons spendete etwas Wärme.

Am nächsten Tag waren wir gegen 10 Uhr in Bunzlau, am Nachmittag in Kohlfurt, wo wir von den Engländern übernommen wurden. Die erste Aktion war, dass wir den Waggon verlassen und durch einen abgeteilten kleinen Raum gehen mussten, in dem uns weißes Pulver übergestäubt wurde – Läusepulver, wurde uns erklärt. Am Mittwoch, dem 6. März ging es von Kohlfurt weiter Richtung Westen. Die polnische Grenze lag hinter uns. Nachts passierte der Zug Wittenberg. Am Donnerstag, dem 7. März fuhren wir an Magdeburg vorbei, das in der russischen Zone lag. Noch 5 km bis zur Grenze der britischen Besatzungszone. Ein russischer Posten stolperte durch den Waggon auf einem letzten Kontrollgang.

Schließlich hielt der Zug in Marienthal, wo wir registriert, wieder entlaust und dann mit Marschverpflegung versorgt wurden. Dann wieder Abfahrt. Inzwischen war es Freitagabend. Wir waren in einem Personenzug, das Gebäck wurde in einem Güterwagen befördert. Würden wir es wiederfinden? Am Fenster glitten Orte vorüber, Seelze, Bückeburg. Bahnhofsschilder tauchten auf und verschwanden. Der Zug sollte bis Nordenham fahren. Aber jetzt war die Landschaft so lieblich. Erst Minden, dann Porta Westfalica. Das war alles wie ein Traum, unwirklich. Bad Oeynhausen, die Weser und schließlich Osnabrück. Lauter ungewohnte Namen, fremde Orte. Wir saßen zusammen in einem Abteil, aber ich kann mich nicht erinnern, dass wir lustig und vergnügt miteinander umgegangen sind. Schließlich war wieder eine Nacht vergangen. Es war Samstag, der 9. März, als der Zug in Brake/Kreis Wesermarsch hielt. Wir wurden aufgerufen, denn wir hatten unser Reiseziel erreicht.

Am Bahnhof herrschte großes Durcheinander. Wir hatten Angst, uns zu verlieren, fanden dann aber den Güterwagen und unser Gepäck. Wir waren neun Personen, Mutter, Anni und wir sieben Kinder, beladen mit unseren Bündeln und Gepäckstücken. Zuerst wurden wir in eine Berufsschule geführt, wo wir übernachten konnten. Rote-Kreuz-Helferinnen versorgten uns mit einer warmen Mahlzeit. Dann wurden wir erneut registriert und erhielten die Adresse einer Familie, die uns aufnehmen sollte. Bei uns war es die Familie eines Großkaufmanns namens Mays in der Georgstraße 5, die uns einen Bodenraum zur Verfügung stellte, in dem es einige Matratzen gab, einen Tisch und ein paar Stühle. An eine Toilette kann ich mich nicht erinnern, aber die gab es wohl, denn das war das Örtchen, nach dem wir uns alle gesehnt hatten. Denn während der einwöchigen Bahnfahrt hatte der Zug mehrmals stundenlang gehalten, damit die über tausend Vertriebenen Gelegenheit hatten, die Latrinen zu nutzen, die an der Strecke ausgehoben worden waren. Kaum einer konnte seine Notdurft loswerden, weil alle so verkrampft waren, Bauchschmerzen hatten und sich ekelten, mit fremden Menschen den gemeinsamen Balken zu nutzen – zwar nach männlichen und weiblichen Personen getrennt, aber unter freiem Himmel und kaum abgeschirmt. Eine noch so einfache Toilette wie die an der Georgstraße schien uns der reinste Luxus zu sein. Irgendwie gelang es uns, einzuschlafen.

Der nächste Tag war ein kalter, sonniger Sonntag. Wir gingen zur katholischen Kirche, einem kleinen Gebäude, denn hier waren wir in der Diaspora; in einer Gegend, in der es überwiegend Protestanten gab – in meinem Tagebuch habe ich notiert: *„Heute waren wir in der kath. Kirche. Sehr klein. Hier fast nur Evangel. oder Heiden. Mittags in der Volksküche.“* Mittags sollten sich alle Neuankömmlinge in Brake an der Volksküche einfinden, wo aus einer großen Gulaschkanone Erbsensuppe mit Wurst ausgegeben wurde. Pro Person hatte man 50 Pfg. dafür zu zahlen. Am Sonntag fingen wir an, unsere Notunterkunft etwas wohnlich zu gestalten. Den Dachraum konnten wir etwas heizen. Zwei Herren aus dem Gemeindeamt, ein Herr Trarinski und ein Dr. Schmitz, besuchten uns, anscheinend, um sich über die Unterbringung zu informieren. Am Montag, dem 11. März haben wir uns noch einmal das Essen aus der Volksküche geholt. Wir hatten bereits Bezugsscheine für die notwendigsten Nahrungsmittel, Hygieneartikel und Kleidung erhalten. Zuerst haben wir einige Bücklinge gekauft, die man für Marken erwerben konnte. Am nächsten Tag musste ich für uns alle die Bezugsscheine vom Amt abholen. Ich habe mir ein Paar Kniestrümpfe besorgt, was mit den nötigen Bezugsscheinen ebenso möglich war wie der Besuch bei einem Friseur, bei dem ich mir – auch mit einem Bezugsschein – eine Wasserwelle machen ließ. Und dann die Entdeckung: Es gab schwarze amerikanische Soldaten. Noch nie vorher hatte ich einen dunkelhäutigen Menschen gesehen, außer in Bilderbüchern oder Fotos aus fernen Ländern.

Am Mittwoch haben Mutter und Anni beschlossen, selbst zu kochen. Anscheinend gab es eine Gelegenheit dazu, aber daran erinnere ich mich nicht mehr; wohl aber, dass man Pumpernickel ohne Marken kaufen konnte. Wir liebten es. Als Brotaufstrich genügte eine dünne Schicht Senf, den es auch ohne Marken zu kaufen gab. Wir neun Menschen brachten anscheinend eine gewisse Unruhe in das Haus unserer Wirtsleute, denen wir zwangsweise zugeteilt waren. Das führte zu Verstimmungen. Wir versuchten unseren Alltag zu bewältigen, so gut es ging. Zeit genug hatten wir. Es gab noch keinen Schulunterricht. Wir nutzten die viele Freizeit, um den Ort zu erkunden, machten lange Spaziergänge und gingen sogar mal ins Theater, wo wir den „Mustergatten" ansahen und 4 DM pro Karte ausgaben, was Mutter für eine Verschwendung hielt. Am Sonntag gab es Rinderbraten mit Soße und dazu Nudeln – ein Festessen, wie wir es lange nicht mehr erlebt hatten. Am Mittwoch, dem 20. März machte sich Anni daran, einen richtigen Hefekuchen zu backen. Verwendet wurde dafür amerikanisches Mehl. Wenn man Glück hatte, konnte man es ohne Marken den Soldaten abkaufen. Wir vagabundierten durch den Ort, Anni und ich betreuten dabei die drei Kleinen, Ria, Michael und Christof. Peter, Matthias und Johannes durchstöberten allein die nahen Hafenanlagen und genossen anscheinend dieses Abenteuerleben.

24.3.1946 *Wir gingen nachmittags schön spazieren. Am Abend gingen wir mit 3 Amis ins Kino. Der Film war sehr hübsch.*
25.3.1946 *Wir passen abends am Fenster auf, ob Amis kommen. Dann radebreche ich Engl. mit ihnen.*

Mutter hatte schon von Oppeln aus ihre Kollegin Else Göttger-Schnetmann angeschrieben und ihre Lage geschildert. Zwar ist keiner dieser Briefe erhalten geblieben, aber da Else Göttger-Schnetmann die einzige Adresse war, die Mutter in Westdeutschland kannte, hat sie sich von Brake aus wiederum an sie gewandt. Else hatte ihr zugeredet, doch nach Greven zu kommen. Meine Mutter und ihre ehemalige Kollegin von der Kasseler Waldschule hatten sich schon seit Langem nicht mehr gesehen. Gut möglich, dass die letzte Begegnung bei der Hochzeitsfeier meiner Eltern war, an der Else teilgenommen hatte. Am Freitag, dem 22.3.1946 sollten sich die beiden Freundinnen wiedersehen. Ein Wiedersehen, das beide erschütterte.

Elses Ehemann, der Rechtsanwalt und Notar Göttker-Schnetmann, war noch in englischer Kriegsgefangenschaft. Else wohnte mit ihren Kindern direkt am Marktplatz 1, in der ehemaligen Schründer-Villa, die eine Seite des Grevener Marktplatzes abschloss. Oben wohnte die Klavierlehrerin Clärchen Schründer. Die Wohnung darunter bewohnte die Familie Göttker-Schnetmann mit ihren vier Kindern. Mutter und Tante Elisabeth Nerlich, die in Vechta untergekommen waren, hatten sich mit dem Zug nach Greven aufgemacht. Das muss ein bewegendes Wiedersehen gewesen sein. Sicher sind auch Tränen geflossen, denn das Leben meiner Mutter war ebenso aus den Fugen geraten wie das von Else Schnetmann, die besorgt auf die Rückkehr ihres Mannes wartete. Die drei Frauen werden miteinander besprochen haben, ob und wie eine Umsiedlung nach Greven möglich sein könnte. Ein Teil Grevens war durch die britische Besatzung als Sammlungsort für Displaced Persons ausgewählt worden. Das betraf das gesamte Nordviertel. Dort waren die Grevener Bewohner vertrieben worden, um Platz zu schaffen für die von allen Seiten zusammenströmenden Zwangsarbeiter aus aller Herren Länder, die hier bis zu ihrer Rückführung in ihre Heimatländer ausharren sollten.

Es musste also nach einer Möglichkeit gesucht werden, Mutter und uns Kinder und unsere Anni in Greven unterzubringen. Freie Wohnungen gab es nicht – schon gar nicht für eine Mutter mit sieben Kindern und ihrem Kindermädchen. Else Schnetmann versprach, sich um Mutters Ansiedlung in Greven zu kümmern, allerdings müssten für die Kinder der Familie Kleinwächter Gasteltern gefunden werden, die sie aufnehmen würden. Die Suche nach den geeigneten Gasteltern wollte Else Schnetmann in die Hand nehmen, da sie einen großen Bekanntenkreis in Greven hatte. Aber sicher hatte eine gehörige Portion Mut dazu gehört, um die Kinder ihrer Freundin um Unterkunft und Betreuung zu bitten; zumal sie nicht sagen konnte, für welchen Zeitraum diese Unterbringung geplant sein würde. Mutter war einige Tage in Greven geblieben, liebevoll aufgenommen im Hause Göttger-Schnetmann. Else Schnetmann und sie haben in der Zeit die Familien aufgesucht, in denen wir Kinder einzeln untergebracht werden sollten.

Als Mutter schließlich am Donnerstag, dem 28. März wieder in Brake ankam, konnte sie uns erklären, wie es mit uns weitergehen würde. Als Familie könnten wir nicht zusammenwohnen, weil es keine Wohnung gab. Aber Mutter erzählte, dass sie sehr herzlich aufgenommen worden sei und auch die Familien kennengelernt habe, die sich bereit erklärt hätten, uns Kinder einzeln bei sich aufzunehmen. Aber noch hieß es warten, denn die Umsiedlungspapiere mussten beschafft werden. Wie Mutter das alles organisiert hat, kann ich nur bewundern. Sie machte mit uns sogar noch eine Dampferfahrt auf der Weser, ging mit Anni und mir ins Kino und versuchte unser Leben so ruhig wie möglich zu gestalten, wozu regelmäßiger Kirchgang ebenso gehörte wie kleine und größere Kinderkatastrophen. Dazu gehörte auch der Beinbruch, den sich der kleine Justin zugezogen hatte und der im Krankenhaus gerichtet und versorgt wurde. Seit dem Tod von Justin Kleinwächter und dem Neugeborenen Justin wurde der vierjährige Christof mit seinem zweiten Vornahmen Justin gerufen – der spätere Kaplan Justin Kleinwächter, der den Fallschirmspringerclub Münster gründete und als fallschirmspringender Pfarrer ab 1972 in São Paulo, Brasilien, das Kolpingwerk aufbaute. Mit nur 38 Jahren erlitt er beim Fallschirmspringen einen tödlichen Unfall.

Anni und Mutter brachten Kuchen und sorgten für die täglichen Mahlzeiten. Allmählich war ein Hauch von Normalität eingekehrt, und die Umsiedlung nach Greven rückte in greifbare Nähe. Wir hatten im Stillen gehofft, dass der Holzhändler Max Rüschenschmidt uns mit seinem großen Lastwagen abholen würde. Das klappte allerdings nicht, weil es immer wieder Fahrtbeschränkungen gab. Schließlich wurden wir von Max Rüschenschmidt telegraphisch benachrichtigt, dass wir mit dem Zug nach Osnabrück fahren sollten. Von dort aus würden wir mit dem Lastwagen von Rüschenschmidts abgeholt werden. Ich fuhr allein nach Vechta, wo ich im Liebfrauenkloster übernachtete. In Vechta hatte Dr. Hergesell bereits eine gynäkologische Praxis aufgemacht. Dort sollte ich mich vorstellen, um die Beschwerden, die ich hatte, in den Griff zu bekommen. Damals haben wahrscheinlich schon gutes Zureden und ein paar Tröpfchen geholfen, um wieder Vertrauen in die normalen Funktionen meines Mädchenkörpers zu bekommen.

In den kommenden Tagen packten wir unsere Habseligkeiten ein, denn jetzt sollte jedes Kind sein eigenes Gepäck haben, das dann mit zu der Gastfamilie genommen werden sollte. Endlich war es soweit: Der Abreisetag war Montag, der 15. April. Unsere Fahrt ging über

Oldenburg nach Osnabrück. Wir hatten ein Rote-Kreuz-Abteil und wurden schon in Osnabrück an dem Bahnhof erwartet. Wir verstauten unsere Gepäckstücke auf dem offenen Lastwagen, klemmten uns dazwischen. Mutter saß vorn, Anni bei uns Kindern. Das herrliche Wetter machte schon die Fahrt zu einem Erlebnis. Was würde uns in Greven erwarten? Ich erinnere mich noch, dass der Lastwagen direkt vor der Tür der Wohnung Schnetmann Am Markt 1 hielt. Einige Leute standen herum und wunderten sich über die seltsame Fracht, die da nach Greven transportiert worden war. Mutter, Anni, Ria, Michael und Justin blieben erst einmal bei Schnetmanns. Mein Bruder Peter wurde von Frau Fiege in Empfang genommen, Matthias von Frau Wierlemann und Johannes von Frau Friedel Cramer. Mein Bruder Michael kam nach Ostbevern zur Schwester von Tante Else. Mutter, Anni, Ria und Justin wurden auf dem Hof Große Sundrup im der Bauerschaft Hüttrup aufgenommen.

Ich wurde von Max Rüschenschmidt und seiner Frau Martha in Empfang genommen. Ein kurzer und schneller Abschied von meiner Familie, die ich so schnell nicht vollzählig wiedersehen würde. Wieder hatte ich das Gefühl, neben mir zu stehen und mir zuzuschauen; denn das, was hinter mir lag und das, was hier auf mich wartete, schien so unwirklich. Zunächst empfand ich die mir entgegengebrachte Herzlichkeit wie ein Geschenk, wusste aber gleichzeitig nicht, was von mir erwartet wurde. Dass ich mit meinen 15 ½ Jahren ein lang aufgeschossener Teenager war, der bisher keine Gelegenheit gehabt hatte, sich in dieser neuen Rolle kennenzulernen, machte die Sache nicht leichter. Ich freute mich über ein Paar blaue Pumps – die ersten meines Lebens – und über Strickkleidchen, die Max Rüschenschmidt aus einer Grevener Fabrik mitgebracht hatte, die ich anzog, aber mich verkleidet fühlte. Und dann der Gottesdienstbesuch, Predigten und häufige Beichte und dann das Beobachtetwerden, ob ich mich richtig verhalte. Das Ehepaar Max und Martha Rüschenschmidt war kinderlos. Ich habe es genossen, wie ein Einzelkind behandelt zu werden, Onkel Max‘ Aufmerksamkeit zu finden und dadurch immer mehr Tante Marthas Missvergnügen zu spüren.

Schließlich begann im Mai 1946 wieder der Schulunterricht.

Greven hatte damals ein Progymnasium an der Bergstraße. Ich kam in die Untertertia und stellte schnell fest, dass ich zwar eine eifrige Schülerin war, mir aber viel Wissen verlorengegangen war und ein ganzes Jahr ohne Schulunterricht hinter mir lag. In der Schule musste ich erst wieder Fuß fassen, weil durch die Kriegs- und Nachkriegswirren vieles verschwunden war, was mich früher als gute Schülerin ausgezeichnet hatte.

In vielen Eintragungen im Tagebuch sind ausführlich meine offenbar regelmäßigen Besuche von örtlichen Fußballspielen geschildert, die vor allem durch die Begeisterung für einzelne Jungen motiviert waren: *Nachmittags war ich auf dem Fußballplatz. Interessant. 11:1 für Greven gegen Telgte. Hannes Sch. hat mich nach Hause begleitet!!!* (Eintrag vom 22.4.1946) *Abends trotz indirektem Verbot zum Fußball gegangen. 3:1 gegen Saxonia Greven. Mutti hat mir Vorwürfe gemacht, wie ich mich benehme. Zuhause Onkel Max und Tante Martha auch. Ich muß mich sehr bessern. Am liebsten möchte ich garnicht ins Sauerland fahren. Lieber Vati, hilf mir bloß!* (Eintrag vom 13.7.1946)

Schließlich gelang mir eine Annäherung an das erwartete Unterrichtspensum: Ich hörte mit meinen backfischhaften Schwärmereien für verschiedene Jungen auf, schloss mich einer Mädchengruppe an und hatte eine Freundin, mit der sich über Gott und die Welt diskutieren ließ. Das Gymnasium in Greven habe ich nur ein gutes Jahr lang besucht, denn 1947 war ich schon in Pützchen (bei Bonn) im Internat. Wie meine Mutter das finanziell stemmen konnte, weiß ich nicht, denn auch meine Brüder Peter und Matthias waren seit 1946/47 im Aloysius-Kolleg in Bad Godesberg. Ich habe oft überlegt, weshalb das Verhältnis zu meinen Geschwistern zwar herzlich, aber nicht eng gewesen ist. Ich meine, es lag daran, dass wir uns sehr unterschiedlich weiterentwickelt haben und ich eine Außenseiterrolle hatte, weil ich irgendwie nicht ganz zur Familie zu gehören schien.

(An dieser Stelle endet der erhaltene Text von Elisabeth Frische. Auf den letzten Seiten waren immer mehr Verschreibungen. Ich vermute, dass meine Mutter wegen ihrer schwindenden Sehkraft und nachlassenden Energie die Arbeit an diesem Buch einige Zeit vor ihrem Tod abgebrochen hat.)

Hanne war mit Edgar in Oppeln zurückgeblieben. Fast täglich haben sich die beiden Schwestern ausführliche Briefe geschrieben, sobald dies möglich war. Im Brief vom 13.8.1946 schrieb Hanne an ihre Schwester Maria, die sie stets zärtlich „Moschele" nannte: *Liebes Moschele! Solche Gedenktage wie der heutige ist, wünsche ich mir immer bald vorüber. Den ganzen Tag möchte ich bloss heulen, von der hl. Messe an, die E. um 7 Uhr für unseren lieben Justin las.* (...) *Ich war vormittag beim Grab beim kl. Justin, wenn man schon nicht am Grab des grossen sein kann. Es ist eben bei Justin auch so; die Länge der Zeit nimmt für uns nichts an der Härte und Schmerzlichkeit weg.* Am 17.9.1946 setzt sie fort: *Liebes Moschele! (...) Alle die Ernährungssorge und Wohnungsschwierigkeiten usw. hättest Du ja bei uns nicht, aber der Ausbildung der Kinder wegen war es schon richtig so, wie Du es gemacht hast. Dass Matthias und Peter nach Godesberg gehen, ist gewiss auch ganz im Sinne Justins, für den wir hier am 13. ein feierliches Requiem gehalten haben mit herzl. Anteilnahme unserer Bekannten.* (...)

Elisabeths Tagebucheintrag vom 13.8.1946 lautet: *Heute jährt sich Vatis Todestag. Was ist doch alles in dem Jahr geschehen!? – Eine große Überraschung bereitete Onkel M. mir. Ich bekam ein nagelneues Damenrad O 7998.*

Hanne, deren Verlobter im Krieg gefallen war und die sich entschieden hatte, das Pfarrhaus ihres Bruders zu führen, vermisste ihre Schwester und die Kinder sehr. Immer wieder fragte sie voll Sehnsucht nach den Kindern. In ihrem Brief vom 7.10.1946 schrieb sie: *Liebes Moschele! Die heutige Post brachte Deinen lieben Brief vom 20. und 21.9. und wir haben uns riesig gefreut, vor allem, dass Du uns mal etwas Ausführlicher über die Kinder schreibst. Dass der Mattschek sich so tapfer entwickelt, das ist fein. Vielleicht entschädigt doch der liebe Gott für den frühen Tod von Justin mit den Kindern. Mir fiel heute früh im Bett so ein, dass ich vor 17 Jahren Justin auf dem Bahnhof in Kohlfurt traf und wie wir dann zusammen zur Hochzeit fuhren. Mir ist alles noch so deutlich und was haben die 17 Jahre alles für unsere Familie gebracht. Unser Jungsi* (der 1942 gefallene Bruder Karl-Heinz) *auch schon wieder 4 Jahre tot und Justin 1 Jahr. Die Jahre werden so schnell dahin fliegen und bald ist man selbst alt und reif fürs Grab. Man weiss ja zwar heute nicht wie schnell man tot sein. Es gehört nicht viel zu einem Maschinenpistolenschuss. Mir kommt das manchmal alles so vor wie in einem Roman von den wilden Indianerstämmen. (...) Ich schreibe ja immer alles durcheinander wie es mir gerade in den Kopf kommt. Justin würde wieder lachen. Heute in der hl. Messe habe ich die hl. Messe für Dich und Kinder aufgeopfert und den Ablass für Justin. Nein, dass ich einmal werde für Justin beten müssen, das kommt mir doch manchmal sehr absurd vor. Trotz aller Traurigkeit habe ich mir einen Kaffee zum Frühstück gekocht und ein Stück Streusselkuchen dazu genommen und hätte mir so gewünscht, dass Du bei mir am runden Tisch sitzen würdest und wir würden uns von den Kindern unterhalten können.*

Bildnachweis

Abbildungen 1, 4, 6, 7, 9, 10, 13, 15–17, 18, 20–23, 25, 26, 28–33: Deutsches Museum, München, Archiv: Nachlass Justin Kleinwächter.

Abbildungen 5, 34, 35:
Stadtarchiv Greven: Nachlass Elisabeth Frische.

Abbildungen 12, 24:
Stefan Aust/Stephan Burgdorff (Hg.): Die Flucht. Über die Vertreibung der Deutschen aus dem Osten. Stuttgart/München: Deutsche Verlags-Anstalt/Spiegel Verlag 2002. S. 24. Abgedruckt mit freundlicher Genehmigung des Spiegel Verlags.

Abbildungen 3, 8, 9, 14, 19 und Bilder der Autorin: privat.

Quellen und Literatur

Nachlass Justin Kleinwächter. Archiv des Deutschen Museums München. NL105.

Nachlass Elisabeth Frische. Stadtarchiv Greven.

Kath. Taufbuch von Gr. Wartenberg. Sammlung W. Wollny, Beckum.

Aust, Stefan, Burgdorff, Stephan (Hrsg.): Die Flucht. Über die Vertreibung der Deutschen aus dem Osten. Stuttgart/München: Deutsche Verlags Anstalt / Spiegel Verlag 2002.

Beiträge und Dokumente zur Geschichte der Technischen Hochschule Danzig 1904–1945. Zum 75. Gründungstag herausgegeben von der Gesellschaft der Freunde der Technischen Hochschule Danzig. Hannover 1979.

Benz, Wolfgang: Geschichte des Dritten Reiches. München: C.H. Beck Verlag 2000.

Büttner, Ulrich: Die Geschichte der Akaflieg Danzig1923–1963.

Craig, Gordon A.: Deutsche Geschichte 1866–1945. München: C.H. Beck Verlag 1980.

Frost, Günter: Die Luftfahrtgeschichte der Freien Stadt Danzig 1920–1939. www.adl-luftfahrthistorik.de

Grube, Frank, Richter, Gerhard (Hrsg.): Flucht und Vertreibung. Deutschland zwischen 1944 und 1947. Hamburg: Hoffmann und Campe Verlag 1980.

Gruchmann, Lothar: Der Zweite Weltkrieg. Kriegführung und Politik. München: dtv Verlag 1967. (=dtv-Weltgeschichte des 20. Jahrhunderts).

Technische Hochschule Danzig 1904–1954. Hrsg. vom Vorbereitenden Ausschuß für die 50-Jahr-Feier der Technischen Hochschule Danzig. Verantwortl. f. d. Inh.: Friedrich Löhr. 2 Bände.

Thorwald, Jürgen: Die große Flucht. Niederlage, Flucht und Vertreibung. Taschenbuch-Neuausgabe München: Knaur Verlag 2005. Erstausgabe unter den Titeln: „Es begann an der Weichsel“ und „Das Ende an der Elbe“ 1949.

Urban, Thomas: Von Krakau bis Danzig. Eine Reise durch die deutsch-polnische Geschichte. München: C.H.Beck Verlag 2000.

Winkler, Heinrich August: Der lange Weg nach Westen. Zweiter Band: Deutsche Geschichte vom „Dritten Reich“ bis zur Wiedervereinigung. München: C.H.Beck Verlag 2000.